MUSÉE INDUSTRIEL,

OU

Description complète de l'Exposition générale

DES PRODUITS

DE L'INDUSTRIE FRANÇAISE EN 1834.

SUITE DU DIX-SEPTIÈME CHAPITRE.

13e Section. — *Outils et Instrumens. Quincaillerie.*

Art. 1er. — *Outils et Instrumens généraux, qui sont ainsi qualifiés parce qu'ils s'appliquent aux opérations de plusieurs genres d'industrie.*

1059 (2208). Mention honorable à M. *Bastien*, constructeur de machines à Metz, département de la Moselle, pour ses soufflets de forge. Il avait envoyé au concours, des soufflets de forge à double effet, dits *à la Rabier,* qui ont reçu, entre ses mains, de nouveaux perfectionnemens et présentent sur les anciens le double avantage 1° d'occuper moins de place dans un atelier, en même temps qu'ils exigent moins de force pour les mouvoir; 2° d'appliquer au feu un courant d'air contenu, ce qui chauffe mieux et plus vite, et économise tout à la fois le combustible et le temps de l'ouvrier.

1060 (2003). Citation des enclumes, étaux et fléaux de balance présentés par M. *Bernard* (Ch.), à Sedan, département des Ardennes.

1061 (765). Même distinction à M. *Byver*, à Paris, boulevard Beaumarchais, n° 5, pour ses étaux et notamment pour un étau mobile.

1062 (2004). Encore semblable distinction accordée aux fers creux en fonte à relever les plis, envoyés par M. *Blaise*, à Signy-le-Petit (1), département des Ardennes.

1063 (1426). La distinction immédiatement supérieure a été obtenue par M. *Borde,* dit *l'Angoumois*, à Riberac (2) (Dordogne), qui avait adressé un écrou pour presse et pressoir, dont les filets en fer forgé étaient incrustés dans le cylindre, ce qui les rend beaucoup plus solides. Il a construit un très grand nombre de ces écrous pour pressoirs à vin et à huile, et pour presses de papeteries : on leur a fait subir les plus fortes épreuves, sans les altérer.

1064 (974). Le banc à tirer, de M. *Coade*, rue des Brodeurs, n° 9, à Paris, a été distingué par la médaille de bronze.

1065 (59). Médaille de la même espèce à M. *Chamouton* (Nicolas), à Paris, rue du Monceau-Saint-Gervais, n° 13. Il en était digne par ses enclumes à l'usage des serruriers, maréchaux-ferrant, taillandiers, couteliers, etc., qu'il forge

(1) Il s'y trouve une fabrique assez considérable de tuiles et briques. A 20 kilom. de Rocroi ; — 1,949 habitans.

(2) Son commerce principal est en toiles, grains et porcs. A 30 kil. de Périgueux ; — 3,954 habitans.

et trempe lui-même, et qui sont parfaitement parées; par ses étaux fabriqués avec autant de soin; et par ses soufflets de forge.

1066 (194). M. *Delaforge*, rue de Pontoise, n° 10, à Paris, fut cité dans le rapport du jury de l'Exposition de 1823, et mentionné honorablement dans celui du concours de 1827. Il a été récompensé, en 1834, par la médaille de bronze. C'est un homme industrieux, qui a perfectionné les soufflets de forge, et qui est auteur de celui à double courant d'air ou à trois vents, que les départemens de la marine et de la guerre, dont il est le fournisseur, ont introduit dans les établissemens qu'ils font exploiter au compte de l'Etat. Avec un soufflet de ce genre, il en exposait un autre pour la boucherie, un troisième à usage ordinaire; plus, deux forges portatives, dont l'une était ployante, et l'autre avait sa carcasse soudée dans toutes ses parties, comme si elle eût été fondue. Enfin, il y avait réuni un modèle de machine soufflante de son invention, propre à extraire des casemates, prisons, etc., l'air vicié, et à le renouveler alternativement par une même quantité d'air pur.

1067 (1056). Une des plus hautes distinctions qui ait été décernée par le jury central, aux objets compris dans le premier article qui nous occupe, honore les talens et l'esprit inventif de M. *Desormeaux* (Paulin), rue des Maçons-Sorbonne, n° 3, à Paris. Comme c'est un de nos collaborateurs, il ne nous convient pas de faire son éloge, ni de nous étendre sur le mérite de ses filières et de ses étaux.

La médaille d'argent qu'il a obtenue, en proclame hautement les avantages. Si l'on désire de connaître particulièrement ceux de sa filière à tarauder, dont l'usage se répand de plus en plus, on peut recourir au cahier du Recueil industriel, du mois d'août 1833, p. 113 et suivantes. Nous ajouterons à ces documens déjà existans, la description suivante qui comprend les étaux si ingénieusement inventés par cet industriel.

Les étaux tournant horizontalement, dits *étaux d'armurier*, n'ont qu'un seul mouvement, et ce seul avantage est déjà si considérable, que le prix de ces étaux est ordinairement de quatre francs le kilogramme, au lieu de deux francs que coûtent les étaux ordinaires. Ce seul mouvement horizontal qu'offre déjà tant de facilités au travail est insuffisant dans beaucoup de cas, comme lorsqu'il s'agit de limer des chanfreins suivant des inclinaisons déterminées, ou bien encore lorsqu'il s'agit de limer ou de buriner des planches métalliques très minces, qui ne peuvent être pincées dans l'étau ordinaire. Dans mille autres circonstances enfin qu'il serait trop long de détailler ici, l'ouvrier se trouve arrêté et est obligé de chercher des moyens étrangers à son étau pour obtenir toutes les inclinaisons voulues. Ce besoin de mobilité, joint à une fixité inébranlable, est un problème qu'on a cherché de tous temps à résoudre, et l'on voit dans le Manuel du Tourneur, de Bergerau, que des tentatives fort ingénieuses ont été faites à cet égard : au moyen de trois quarts de cercles dentés et d'un fort cliquet, on a trouvé à procurer à l'étau une partie des mouvemens désirables; mais cet appareil qui pouvait faire monter le prix d'un étau moyen à trois cents francs, n'était pas encore ce qu'il fallait, puisque, par l'usage, la dent du cliquet finissait par jouer dans les dents des quarts de cercles dentés, et qu'alors la fixité absolue cessant d'avoir lieu, il fallait de temps en temps recourir à des réparations dispendieuses.

M. P. Desormeaux a suivi une marche différente pour arriver à un résultat plus positif et qui dispensera de toute réparation, il a appliqué aux étaux mobiles l'appareil connu dans les arts sous le nom de *genou*. Son appareil est fait en fonte de fer, ce qui fait que pour une somme très modique, puisqu'elle est déterminée par le poids de la fonte, on pourra jouir de l'avantage précieux de rendre un étau mobile en tous sens, même les vieux étaux, car ce procédé reçoit l'étau sans qu'il soit nécessaire d'y faire aucun changement.

Les fig. 2, 3, 4, 5, 6 de la planche 1re, feront bien comprendre le mécanisme de l'appareil. La figure 1re est destinée à l'explication de la manière de poser l'étau sur l'appareil, et enfin les fig. 7, 8, 9 et 10 sont des variétés du point d'attache de la sphère, qui permettent de la poser partout.

Ajustement de l'appareil après l'étau. — L'ajustement de l'appareil après l'étau est très facile : on commencera par limer les coutures de la sphère, s'il s'en trouve, percer les trous, les fraiser et y ajuster des vis à bois, selon la forme de la queue fig. 6.

L'ajustage de la capsule supérieure, vue en dessous, fig. 3, et par-dessus, fig. 5, consiste à élargir l'espace compris entre les deux talus DD, jusqu'à ce que la patte B de l'étau y entre facilement, mais sans balottement. On échancrera s'il le faut la partie de cette capsule qui touche au dos de l'étau.

Quant à la capsule inférieure vue en-dessus, fig. 4, on percera au centre de la cuvette un trou de calibre, avec le bout arrondi de la vis C, dont on aura fait sauter la tringle ; on fera en sorte qu'il se trouve à cette vis un épaulement plus profond que celui produit par la hauteur des filets ; s'il n'est pas assez profond, on le fera à la lime, afin que la vis puisse butter contre le dessous de la coquille, sans que les pas de la vis soient endommagés. On élargira ensuite l'entaille E, pour qu'elle embrasse sans forcement ni balottement (ce qui est de rigueur) le dos de l'étau, comme on le voit fig. 2.

Les capsules mises en place, on les incline un peu pour y placer la sphère ou boule, dont on fixe la queue avec des vis, à l'endroit où on veut placer l'étau. Dans certains cas, pour faciliter l'introduction de l'appareil, on lime, en l'arrondissant un peu, l'arête supérieure du talon A.

En tournant la vis de pression C et en faisant entrer le bout arrondi dans le trou de la capsule inférieure, on serrera et on obtiendra une immobilité parfaite.

Il est ordinairement inutile de fixer par des vis, ou par un pont, la capsule supérieure, après la patte de l'étau : la pression suffit.

Le fût des filières à coussinets de M. Paulin-

Desormeaux, est fait en tôle, les coussinets-matrices et les taraux restent les mêmes qu'ils étaient dans les anciennes filières : ce ne sont plus les coussinets qui entrent dans le fût, mais le fût dans les coussinets; cette seule différence simplifie de beaucoup la construction de l'instrument, et les avantages qu'il résulte de la simplification sont la légèreté, la facilité d'exécution, l'abaissement du prix d'achats, le plus de force utile, le maniement plus facile de l'instrument dans l'opération du filetage, enfin une extension du pouvoir de la filière qui peut opérer dans des cas où les autres filières ne peuvent plus rien.

La fig. 11 représente l'une des formes que l'on peut donner à la filière : ces formes doivent être appropriées; celle circulaire que nous représentons d'après le plus petit des modèles exposés convient particulièrement aux filières les plus petites.

La fig. 12 est la même filière vue par son champ.

a est le disque de tôle formant le fût.

bb. Deux trous ovalisés servant à monter la filière sur le tour, et à la cintrer lorsqu'on veut la faire servir comme manchon universel supplémentaire; ou pour fileter, de longues vis passant par un arbre creux, ou bien encore si l'on veut s'en servir comme d'une fraise pour tailler les coussinets et dans d'autres circonstances.

cc. Vis de rappel faisant mouvoir les coussinets conducteurs *dd*. Ce sont ces coussinets qui opèrent la pression sur les coussinets-matrices *ee*.

La fig. 13 est un coussinet-matrice, vu à part en perspective et sur une plus grande échelle.

La fig. 14 représente ce même coussinet vu en bout du côté où se trouve la rainure *aa*, dans laquelle entre le fût de la filière.

1068 (1867). M. *Enfer-Bion*, à Troyes, département de l'Aube, est auteur des soufflets dits d'*enfer*, qui sont, à volonté, à double ou à simple effet, et pour lesquels il a pris un brevet d'invention. Il les construit dans des formes et hauteurs qui se prêtent à tous les emplacemens. La manœuvre en est très douce, et le volume peu considérable. L'atelier de construction qu'il en a établi, est à Troyes, place de l'Hôtel-de-Ville. Le jury les mentionnera honorablement dans son rapport.

1069 (1263). Il y citera M. *Gouet*, à Courbevoie (1), département de la Seine, pour une forte cisaille à découper les métaux à l'usage des quincaillers, serruriers, chaudronniers, etc. : elle coupe bien, et son prix est extrêmement modéré.

1070 (2073). Des écrous fabriqués à la mécanique, ont paru mériter une récompense plus distinguée ; le jury a décerné la médaille de bronze à leur producteur, M. *Janin-Beatrix*, à Béard (2), arrondissement de Nantua, département de l'Ain.

1701 (105). Les cisailles de M. *Jounault* (Julien), à Paris, rue Michel-le-Comte, n° 33, seront citées dans son rapport, comme celles de M. Gouet, ci-dessus inscrit sous le n° 1069.

Rappelons à ce sujet que M. Baisné, compris

---

(1) Il y a un entrepôt de vins, eau-de-vie et vinaigre. — 2,488 habitans.

(2) Il y a une fabrique d'écrous à la mécanique.

dans la 11e section de ce chapitre, et à qui le n° 1001 y a été assigné, exposait aussi des cisailles.

1072 (724). Quoique supérieur aux établis ordinaires, celui qui avait été exécuté par M. *Lacour*, à Paris, rue du Petit-Carreau, n° 32, n'a eu que les honneurs du concours.

Cet établi A, pl. 2, 3 et 4, fig. 1re, a l'avantage sur ceux allemands de pouvoir servir comme étau de serrurier. Le chariot B, placé sur le derrière de la table et dans toute sa largeur, dispense de l'emploi de serre-joints quand il s'agit de collage. Les deux petits valets sont mus par une vis de rappel; les deux griffes en tête de la table forment la résistance opposée à ces deux valets. Le chariot est mis en action par un pignon qui fait mouvoir les deux vis, dont les écrous sont encastrés dans l'épaisseur du plateau. Les ébénistes et principalement les amateurs, supprimeront les établis allemands pour se servir des établis français, qui sont d'une supériorité incontestable.

1073 (870). Seront, au contraire, honorablement mentionnés les outils et les tours de M. *Lemarchand*, rue des Gravilliers, n° 29, à Paris.

1074 (385). Dans les états des distinctions accordées par le jury, qui ont été rendus publics, nous trouvons que M. *Lesage* (Pierre-Augustin), à Paris, rue de Ménil-Montant, n° 19, a obtenu tout à la fois une médaille de bronze, et une mention honorable. Il exposait neuf filières à tarauder, une équerre et un compas. La médaille s'applique sans doute aux filières, et la mention honorable aux deux autres produits.

1075 (1710). La plus grosse enclume, et le plus fort étau, qui ont paru à l'Exposition de 1834, provenaient des ateliers de M. *Malespine*, à Saint-Etienne, département de la Loire; il y avait joint une bigorne. Si l'on était étonné à la vue des grandes dimensions de ces instrumens, le sentiment de la surprise était bientôt remplacé par celui qu'excitait leur bonne exécution. M. Malespine jouit d'une grande réputation pour les ouvrages de ce genre : aussi, ses talens ont été mis à contribution par le pacha d'Egypte qui lui a fait des commandes. Le jury lui a décerné la médaille de bronze.

1076 (493). MM. *Margoz*, père et fils, à Paris, rue de Ménil-Montant, n° 21, ont été distingués de la même manière que M. Lesage, précédemment inscrit sous le n° 1074 : ils ont obtenu, comme lui, la médaille de bronze et une mention honorable. Leur exhibition se composait d'étaux, essieux, tours et arbres de tour. Par leurs talens en mécanique, ils sont en état de construire des machines de toute espèce; ils excellent principalement dans la construction des tours à guillocher, à portrait, ovales, excentriques, etc.

1077 (2170). Une enclume approchant, par ses dimensions, de celle comprise dans l'exhibition de M. Malespine (voir le n° 1075 ci-dessus), et un étau, avaient été expédiés par M. *Pot-de-Fer*, fabricant à Nevers, département de la Nièvre. La première, qui était en fer forgé et corroyé, pesait 600 kilogrammes, au prix de 2 fr. le kilog.; le second n'était que de 72 kil., et son producteur offrait de le vendre à 2 fr. 20 c. le kilogr. Une médaille de bronze a été accordée à M. Pot-de-Fer, que le jury de 1827 avait déjà mentionné honorablement pour un gros marteau de forge.

1078 (855). Rappel a été fait de la médaille de bronze décernée en 1823 à M. *Rousset*, rue Perpignan, n° 6, à Paris : il avait exposé des étaux, des tours et des meubles.

1079 (1101). La belle et bonne exécution des rouleaux pour laminoirs, sortis des ateliers de M. *Tarlay*, rue Beaubourg, n° 55, à Paris, lui a fait obtenir la même médaille.

1080 (1126). Un emporte-pièce et des machines à fendre les engrenages, ont été exposés par M. *Tussaud*, rue de Charonne, n° 25, à Paris. Il a reçu la médaille de bronze.

Nous ne devons pas terminer cet article sans rappeler que M. Heu, inscrit sous le n° 895, seizième chapitre, 7e section, avait représenté ses filières au concours; nous renvoyons aussi au trentième chapitre, pour une enclume adressée par l'Ecole royale d'arts et métiers de Châlons.

ART. 2. — *Outils spécialement applicables au service des arts pour lesquels ils sont établis.*

1081 (146). Une collection d'outils à l'usage des selliers et bourreliers, était présentée par M. *Blanchard*, à Paris, rue des Gravilliers, n° 37. La qualité en est reconnue excellente, par tous ceux qui les emploient. Rappel a été fait de la médaille de bronze, que M. Blanchard reçut du jury de 1827.

1082 (447). Le jury a adjugé une médaille de la même espèce à M. *Bottier*, rue Saint-Jean-de-Beauvais, n° 29, à Paris. Il a perfectionné les outils à battre l'or, l'argent, le platine, l'étain et tous les métaux susceptibles d'être réduits en feuilles : c'est lui qui en fournit le plus aux batteurs d'or et d'argent de la capitale. Pour démontrer jusqu'à quel point de ténuité ses outils amènent l'or, il en exposait des feuilles si minces, qui, néanmoins, se soutenaient parfaitement, qu'un millier ne pesait que trois gros, ce qui en donne environ 400,000 dans l'épaisseur d'un pouce. M. Bottier varie les couleurs de ses feuilles d'or, suivant leur destination; il fabrique aussi le papier doré.

1083 (298). M. *Bourgoin*, à Paris, rue des Marmousets, n° 34, a été honoré de la même distinction que M. Bottier; il a obtenu, comme lui la médaille de bronze. Ses outils à l'usage des graveurs et des ciseleurs, se recommandent par leur trempe et leur précision. Déjà ils furent cités dans le rapport du jury de 1827. En les reproduisant au concours de 1834, M. Bourgoin y avait réuni un appareil conducteur des poinçons dont se servent les fabricans de doublé d'or et d'argent : dans l'espace d'un seul millimètre carré, l'un de ces poinçons figure et représente le mot *doublé*, une *étoile*, un *croissant*, une *coupe*, un *cœur*, des *points symboliques*, deux *lettres initiales* et un *éléphant ;* l'autre répète le mot *doublé*, et indique le titre du métal.

1084 (1231). Des marteaux et d'autres outils de petite taillanderie, d'une bonne exécution, qu'offrait M. *Chevallier*, rue Neuve-Saint-Jean, faubourg Saint-Martin, n° 41, à Paris, seront cités dans le rapport du jury central.

1085 (32). C'était également des outils de taillanderie qu'exposait M. *Delarue*, à Paris, rue du Monceau-Saint-Gervais, n° 6, mais il y en avait réuni beaucoup d'autres. Successeur de M. d'Herbecourt, dans l'établissement si connu de l'Orme Saint-Gervais, il fabrique, chaque année, pour plus de 400,000 fr. d'outils divers qui sont recherchés jusque dans les colonies ; il fournit surtout les tourneurs et les charrons. Rappel a été fait de la médaille de bronze, déjà accordée, en 1827, à M. Delarue.

1086 (533). Deux mentions honorables avaient été faites en 1823 et 1827, de M. *Ehrenberg*, fabricant d'outils d'affutage, rue de Charonne, n° 24, à Paris. Ceux qu'il a exposés en 1834, n'étaient pas d'une fabrication moins soignée. Si le jury central ne les a pas aussi mentionnés honorablement, il est à présumer que c'est l'effet d'une erreur que réparera son rapport définitif.

1087 (777). Des outils et instrumens de ramonage, fabriqués par M. *Fissot*, à Paris, rue des Gravilliers, seront cités dans le même rapport. Il n'y en avait pas d'autres de ce genre, à l'Exposition.

Dans le département du Doubs, et principalement en la commune de *Lesgras*, il se fabrique beaucoup d'outils d'horlogerie ; il y en avait à l'Exposition, qui provenaient de cinq fabricans de cette commune, lesquels seront tous cités dans le rapport du jury.

1088 (1676). Le premier est M. *Garnache-Barthod* (Lucien);

1089 (1677). Le second, M. *Garnache-Barthod* (Pierre-Philippe);

1090 (1673). Le troisième, M. *Garnache-Creuillot* (François-Auguste-Ferdinand);

1091 (1674). Et le quatrième, M. *Gauthier* (Ernest-Joseph).

1092 (426). Seront également cités dans le rapport du jury, les outils d'affutage de M. *Gérard* (Hubert-Joseph), à Paris, rue Saint-Antoine, n° 195.

1093 (1675). Voici le cinquième fabricant d'outils d'horlogerie, de la commune de *Lesgras*, qui s'est fait admettre au concours. C'est M. *Gloriod* (François-Joseph). Nous avons déjà annoncé qu'il sera fait citation dans le rapport du jury central, tant de ses confrères que de lui.

1094 (118). MM. *Klein*, père et fils, rue du faubourg Saint-Antoine, n° 91, à Paris; ont obtenu une plus haute distinction : la mention honorable leur a été accordée. Leurs outils d'affutage, tels que rabots, varlopes, etc., sont faits en bois dont la nature y convient le mieux, et exécutés avec une admirable précision. Cette maison fournit également des établis perfectionnés, et des presses à main dont le travail concerne uniquement M. Klein père qui emploie, pour les construire, une pompe à feu de la force de trois chevaux.

1095 (1075). C'était aussi un assortiment complet d'affutage qu'exposait M. *Levasseur*, rue du Milieu-des-Ursins, n° 7, à Paris : il se composait d'une varlope, d'une demi-varlope, d'un rabot et d'un guillaume, le tout en bois de cormier. Par la régularité des coupes et par le fini du travail, ces outils sont particulièrement à l'usage des amateurs, des ébénistes, des facteurs de pianos et des fabricans de nécessaires. Ils seront cités avec éloge, dans le rapport du jury.

1096 (1268). Même distinction à M. *Muraine*, à Paris, rue Judas, n° 9, pour ses outils de taillanderie.

1097 (1672). Encore une fabrique d'outils d'horlogerie, du département du Doubs; elle appartient à MM. *Poulignot* et fils aîné qui l'exploitent à Montéchéroux (1), par Saint-Hyppolite. Mais cette maison ne fournit pas seulement les horlogers, elle travaille encore pour les tourneurs, pour les bijoutiers et pour les graveurs en bois. Ses ateliers sont montés en grand. Il en sort une quantité considérable d'outils à tours de toute espèce, des pinces, des étaux à main, *idem* d'établis, des marteaux, porte-scies, bigornes, et surtout des gouges, en acier fondu, qui ont acquis une telle réputation que la fabrique ne peut suffire aux commandes qui lui en sont faites. Le jury a adjugé la médaille d'argent, à MM. Poulignot et fils aîné.

1098 (1492). Les outils à l'usage des colonies, qu'avait envoyés M. *Ratel*, fabricant à Versailles,

---

(1) Il y a plusieurs fabriques. — A 22 kilom. de Montbéliard; — 882 habitans.

seront cités avec éloge, dans le rapport du jury. Ils étaient bien exécutés, et les seuls de ce genre qui aient paru au concours.

1099 (492). Un outil nouveau, destiné à fendre les roues des cylindres, était produit par M. *Ravoux*, horloger-mécanicien, rue de la Calandre, n° 55, à Paris. Son auteur lui attribue de nombreux avantages, tels qu'une grande solidité qui est nécessaire à la justesse des opérations, une promptitude d'exécution supérieure de quatre cinquièmes à celle des autres instrumens de la même espèce, la faculté de faire la première division des roues sans aucun dérangement, celle d'arrondir la colonne sans déplacer ni la roue, ni l'outil, etc.

1100 (1073). M. *Renard* fils, à Paris, rue des Gravilliers, n° 28, offrait des berceaux pour la gravure dite à la manière noire, perfectionnés par un procédé mécanique de son invention; des burins à taille douce sur acier; des outils pour vignettes sur bois; des affiloirs, grattoirs, pointes sèches; des échoppes à plusieurs pointes et des burins que recherchent les horlogers. Sa fabrication d'outils principalement employés par les graveurs, est établie assez en grand. M. Renard fils ne craint pas, d'ailleurs, la concurrence étrangère, parce que l'étranger fabrique moins bien, et à des prix plus hauts. Le jury le citera avec éloge dans son rapport.

ART. 3. — *Autres articles de quincaillerie.*

Parmi les nombreux articles de quincaillerie admis au concours, nous trouverons encore des outils du genre de ceux que nous avons compris dans l'article précédent.

1101 (1482). M. *Bapterosse*, à Bièvre, département de Seine-et-Oise, présentait des outils fabriqués à la mécanique, un compas d'artiste, et des pièces en cuivre à coulisse.

1102 (2008). M. *Belhomme-Warin*, à Remilly (1), département des Ardennes, des broches pour filature, les unes en fer creux, et les autres en acier.

1103 (1737). Les couverts en fer battu, envoyés par MM. *Bergaire* et *Langlois*, fabricans à Darney (2), département des Vosges, seront mentionnés honorablement dans le rapport du jury.

1104 (965). Une médaille de bronze est accordée à M. *Camus-Rochon*, rue de Charonne, n° 7, à Paris. Ses outils en acier fondu soudés sur fer, méritaient bien cette distinction : la qualité en est excellente. On recherche surtout ses fers à rabot, ses ciseaux et ses gouges.

1105 (1401). Des outils divers, parmi lesquels on en remarquait un à tailler les queues de billard, et des tourniquets pour la pêche, adressés par M. *Carteran* (Jean-Baptiste), fabricant à Châteauneuf (3), département du Finistère, seront cités avec éloge dans le rapport du jury.

1106 (2010). M. *Cellière-Rigaut*, à Rau-

---

(1) Il s'y trouve des établissemens industriels considérables. — 1,228 habitans.

(2) A 28 kil. de Mirecourt. — Il y a des fabriques de chandelles, de chapeaux, de clous, etc. — 1,784 habitans.

(3) A 25 kilom. de Châteaulin ; — 2,506 habitans.

court (1) (Ardennes), doit être mentionné honorablement au même rapport, pour les boucles qu'il avait envoyées au concours. Ce n'était pas tant le mérite de leur fabrication qui frappait, que l'extrême modicité de leur prix : il y en avait, en effet, qui n'étaient cotées qu'à un demi-centime la pièce. Le bon marché peut-il être porté plus loin dans aucun genre?

1107 (1403). Même distinction à M. *Cosquer*, à Quimper, département du Finistère, pour ses échantillons de quincaillerie.

1108 (1540). La médaille d'or fut décernée en 1823 à MM. *Coulaux* et Ce, à Molsheim (2) (Bas-Rhin). Elle a été rappelée en 1827, et le jury de 1834 a reconnu et déclaré que les honorables fabricans qui l'avaient obtenue, s'en montrent dignes de plus en plus. Leur établissement est vaste, et sur une grande échelle : il fournit des outils de toute espèce et de qualité excellente, sans craindre la concurrence étrangère. C'est à MM. Coulaux et Ce, qu'on est particulièrement redevable de la diminution qui s'est opérée successivement sur l'importation des outils d'Allemagne.

1109 (220). MM. *Delaporte* frères, à Paris, rue Saint-Sauveur, n° 18, seront mentionnés honorablement au rapport du jury. Cette distinction leur fut déjà accordée en 1827, pour des dés à

---

(1) A 15 kilom. de Sedan; — 1,455 habitans.

(2) Ville qui renferme un grand nombre d'établissemens industriels, située sur la rivière de la Bruche, à 20 kilom. de Strasbourg. — 3,225 habitans.

coudre, en acier et en cuivre. Parmi ceux qu'ils ont exposés en 1834, il y en avait à cinq centimes la pièce.

1110 (2149). Des mors de bride, perfectionnés, composaient à eux seuls l'exhibition de M. *Flamand* (Joseph), à Bavai (1), département du Nord.

1111 (1440). M. *Gonord-Rosse*, à Ouitray (Eure), exposait, au contraire, des articles variés de quincaillerie, d'une bonne exécution. Le jury les citera avec éloge.

1112 (1221). Des mors et des brides étaient offerts par M. *Gouré*, à Paris, faubourg Poissonnière, n° 1. Les mors exposés étaient établis suivant le système de l'espagnol *Segundo*, qui en a pris le brevet d'invention : ils sont appréciés par les maîtres d'équitation comme propres à donner une bonne direction au cheval.

1113 (1535). A l'Exposition de 1827, MM. *Guaita* et Ce reçurent tout à la fois une mention honorable pour des scies, et la médaille de bronze pour des outils et autres articles variés de quincaillerie. Depuis lors, leur établissement placé à Zornhoff (2), département du Bas-Rhin, sur un même cours et sur une même chute d'eau, a pris une grande extension. Il se compose aujourd'hui de deux forts martinets, dont le premier sert au raffinage des aciers, le second au platinage des

---

(1) Plusieurs fabriques pour les platines de fer, instrumens aratoires, etc. A 25 kilom. d'Avesnes ; — 1,635 habitans.

(2) Il s'y trouve des manufactures pour toutes sortes de grosse quincaillerie et taillanderie ; un grand nombre de petits feux et forges, etc. A peu de distance de Saverne.

articles passés sous le martinet et à l'étirage des fers; de cinquante feux de petites forges, pour la fabrication des outils, fleurets et autres ouvrages de grosse quincaillerie; de trois grands aiguisoirs faisant marcher douze grandes meules en pierre, et vingt-cinq polissoirs de différentes dimensions; enfin d'un grand laminoir à chaud, et de six laminoirs à froid, de grandeurs diverses, avec tous les mécanismes nécessaires à la fabrication des grandes et petites scies et autres produits. — C'est M. Lacombe qui dirige les travaux de cette belle manufacture. Elle n'occupe pas moins de 350 ouvriers. Ils lui venaient de l'étranger dans les premiers temps de son existence : elle en a postérieurement formé qui sont indigènes. — Comme celle de MM. Coulaux et Ce, ci-devant inscrits sous le n° 1108, elle soutient parfaitement la concurrence étrangère, et a, d'ailleurs, des débouchés dans toutes les parties de la France. — Le jury central lui a accordé la médaille d'argent, et tout porte à croire qu'au premier concours, elle sera distinguée par la médaille d'or.

1114 (339). M. *Hoyau*, à Paris, rue Saint-Martin, n° 120, exposait des agrafes servant aux robes de femme. Nous le retrouvons au trentième chapitre, avec les autres objets qui composaient son exhibition pour la totalité de laquelle il a reçu la médaille de bronze.

1115 (1922). Dans la notice sur l'industrie de la ville de Mulhausen en particulier, et du département du Haut-Rhin en général, qui se trouve à notre treizième chapitre, il a été dit que MM. *Japy* frères qui exploitent dans ce département, à Beaucourt, une importante manufacture, peuvent avoir des rivaux en Europe, mais qu'ils n'y reconnaissent point de supérieurs. C'est déjà avoir fait d'eux un magnifique éloge qui se justifie par leur haute capacité, et par les perfectionnemens qu'ils ne cessent d'introduire dans les nombreux articles de leur fabrication; les parties qu'ils en avaient exposé, consistaient en vis à bois, pitons, crochets, charnières, cadenas, serrures à pène circulaire, et principalement en ébauches de mouvemens de montres, le tout de la meilleure et de la plus régulière exécution, ayant été fait presqu'entièrement par des procédés mécaniques. — En 1815, leur établissement fut détruit par les armées étrangères, avec toutes les machines et marchandises qu'elle renfermait : l'un de nous a eu entre les mains des pièces authentiques constatant qu'il en résulta pour MM. Japy, une perte énorme de dix-sept cent mille francs. Eh bien! cette perte est depuis long-temps réparée, et leur fabrique est plus prospère qu'elle ne fut jamais. Dès 1813, ils reçurent la médaille d'or, qui a été successivement rappelée à leur avantage, en 1823 et 1827; elle ne pouvait manquer de l'être de nouveau en 1834 : M. Japy jeune a été, en outre, décoré de l'ordre de la Légion-d'Honneur. — Ces messieurs ont un dépôt à Paris, rue Chapon, n° 12.

1116 (1387). M. *Ilion*, à Launilis (1) (Finistère), a présenté un pivot avec sa crapaudine;

(1) A 18 kilom. de Brest; — 3,179 habitans.

1117 (1739). M. *Leveque*, à Vexaincourt (1), département des Vosges, six broches pour filature;

1118 (1739). Et M. *Maley-Humbert*, à Darney, même département, des couverts en fer battu, qui seront cités avec éloge dans le rapport du jury.

1119 (2009). Les dés à coudre, en fer poli, et les boucles de M. *Mathieu-Danloy*, à Raucourt, département des Ardennes, lui ont valu la médaille de bronze; il avait des boucles à bon marché, à un demi-centime la pièce, comme celles de M. Cellière-Rigaut, auquel a été précédemment assigné le n° 1106.

1120 (597). Le jury citera avec éloge, dans son rapport, les rivets en fer et en cuivre, d'une exécution soignée, qu'offrait M. *Petrement*, à Paris, cour du Commerce, n° 24.

1121 (1700). Mention honorable des fleurets et des tranchets en acier de la Bérardière, envoyés par M. *Pichon*, fabricant à Saint-Étienne, département de la Loire.

1122 (456). Distinction semblable à M. *Pourchasse* (Jean-François), place Dauphine, n° 15, à Paris, pour des vis régulièrement cylindriques.

1123 (1632). MM. *Spindler* (Auguste) et Ce, à Plancher-les-Mines (2), département de la Haute-

(1) Il y a une fabrique d'alènes. — A 26 kilom. de Saint-Dié; 532 habitans.

(2) Ville où l'on fabrique toutes sortes d'objets d'industrie. — A 35 kilom. de Lure, et contenant 1,394 habitans.

Saône, sont les successeurs de MM. Lacompar et Cᵉ, qui reçurent la médaille de bronze en 1827. Eux aussi ont obtenu la même distinction en 1834, pour des vis à divers usages, et pour d'autres articles de quincaillerie, serrurerie et bouclerie. C'est par des procédés mécaniques que ces ouvrages sont exécutés dans leur établissement qui a acquis beaucoup d'importance.

Voir au vingt-quatrième chapitre, 7ᵉ section, les objets de quincaillerie compris dans l'exhibition de M. Pechinay.

14ᵉ Section. — *Armes.*

§ 1ᵉʳ. — *Armes blanches.*

Il n'y avait au concours, ainsi qu'il a été remarqué dans le préambule du présent chapitre, qu'un petit nombre d'armes de cette nature. M. Sir-Henri, à qui a été assigné le nº 1051, avait réuni à ses ouvrages de coutellerie, quelques lames d'épée damassées; on en remarquait d'autres dans l'exhibition de M. Henri Lepage. (Voir ci-après le nº 1141) : c'était les seules armes blanches qui, avec celles comprises sous le numéro suivant, figuraient sur la place de la Concorde.

1124 (1424). *Chatellerault* (la manufacture royale d'armes de (1)) a envoyé des échantillons de sabres-poignards, qu'elle confectionne pour

(1) Ville traversée par la Vienne, dont la coutellerie est très estimée, ainsi que les vins. — On y exploite des meules de moulins. Il y a des blanchisseries de cire. — A 40 kil. de Poitiers; 9,437 habitans.

l'infanterie française qui les a substitués au briquet ; elle y avait joint des fusils, ses travaux embrassant tout à la fois les armes blanches et les armes à feu.

§ 2. *Armes à feu.*

1125 (669). M. *Baucheron-Pirmet*, rue de Richelieu, n° 64, à Paris, est un des cinq arquebusiers de la capitale, qui, d'après des arrangemens pris avec M. Lefaucheux, breveté d'invention et inscrit ci-après sous le n° 1137, fabriquent des armes à feu suivant le système de ce dernier. Il en exposait plusieurs qui étaient ainsi construites, et qui, pour le fini du travail et la richesse des ornemens, offraient une beauté remarquable. Elles seront mentionnées honorablement au rapport du jury.

1126 (1023). Des fusils et des pistolets qui n'étaient pas sur le même système, avaient été présentés par M. *Beringer* (Beatus), breveté d'invention, à Paris, rue Mercier, n° 2. Quoique le jury ne les ait pas distingués, ils n'étaient pas sans mérite. En effet, ils se chargent par la culasse, avec ou sans cartouches, et avec une capsule en cuivre qui, fermant hermétiquement, ne laisse point échapper de fumée, et n'encrasse pas le fusil, de manière qu'il est toujours propre; ils ne sont pas, d'ailleurs, de prix élevés.

1127 (1370). La médaille de bronze a été décernée à M. *Bernard*, rue de Marbeuf, n° 22, à Paris, pour ses canons de fusil à rubans dits damas. Il avait déjà été mentionné honorablement, au concours de 1827.

1128 (806). A la même Exposition, M. *Bernard* fils (Albert), à Paris, rue de Grenelle, n° 156, au Gros-Caillou, obtint une distinction semblable. C'est vraisemblablement par erreur qu'elle n'a pas été rappelée en 1834. M. Albert Bernard fils nous a même paru mériter plus qu'un simple rappel de mention honorable; car il est à notre connaissance que ses canons de fusil sont d'une force extraordinaire, ce qui a été constaté par des épreuves faites en présence d'un grand nombre d'arquebusiers de la capitale et d'amateurs de la chasse.

1129 (2007). M. *Brezol*, à Charleville, département des Ardennes, avait envoyé des fusils à silex, dont la fabrication était soignée.

1130 (1400). M. *Casteran*, à Châteauneuf, département du Finistère, un nouveau modèle de fusil à piston.

1131 (670). M. *Delebourse*, à Paris, rue Coquillière, n° 30, est le second des cinq arquebusiers parisiens, qui exécutent des armes sur le système Lefaucheux. Il avait reçu une médaille de bronze en 1827. Le jury de 1834 a déclaré qu'il en est toujours digne.

1132 (672). Le troisième des mêmes arquebusiers est M. *Devismes*, rue du Helder, n° 12, à Paris. Il sera mentionné honorablement dans le rapport du jury central. Les armes qu'il avait placées sous le 2e pavillon de la place de la Concorde, étaient très riches. On y remarquait un pistolet à deux coups, qui partent successivement et à volonté, au moyen d'une seule détente.

1133 (1493). Un fusil à deux coups avait été envoyé par M. *Galy-Cazalat*, professeur à Versailles, dont il sera parlé de nouveau à la fin de notre trentième chapitre.

1134 (623). Dans l'article 1er de la Section précédente, nous avons compris sous le nº 1072, l'établi qu'exposait M. *Lacour*, rue du Petit-Carreau, nº 32, à Paris. Il y avait joint un modèle d'affût de canon qu'il a inventé, et dont l'effet serait de diminuer considérablement la difficulté du pointage. Déjà des généraux et officiers supérieurs d'artillerie ont reconnu que l'emploi doit en être avantageux; et pour en constater le mérite, le ministre de la guerre a ordonné qu'il en serait fait des épreuves à Vincennes. Il est à présumer que c'est ce qui a déterminé le jury central à mentionner honorablement dans son rapport, le nouveau modèle d'affût de canon de M. Lacour.

La pl. 2-3-4, fig. 2, représente cet affût. A, sont les flasques mobiles. — B, la plaque de fer assemblée à queue d'aronde avec la semelle ou entretoises. — C, vis de pointage. — D, excentrique. — E, barreau de pointage.

1135 (2236). Une espingole à ornemens très riches et fort bien exécutés, avait été envoyée de Lyon par M. *Lacouture*. Ce qu'elle avait de remarquable, outre la beauté du travail, c'est que pour la produire, son auteur n'avait eu recours à aucune coopération; avec des métaux et du bois, il en a fait et parfait, à lui seul, toutes les parties,

1136 (800). Les canons de fusil portant le nom de Leclerc, jouissent depuis long-temps d'une réputation solidement établie. MM. *Leclerc* frères, fils et élèves de feu J. Leclerc, ancien canonnier breveté de Napoléon, établis actuellement à Paris, rue Saint-Lazare, nº 124, marchent dignement sur ses traces : ils avaient exposé six canons tant en rubans qu'en damas, qui attiraient l'attention des amateurs de la chasse, et leur ont valu la médaille de bronze.

1137 (668). Pauly a été le véritable et primitif inventeur des fusils qui partent au moyen de la poudre fulminante, et qu'on a dénommés fusils Pauly, à *percussion*, à *piston*, à *bascule*, à *culasse basculante*, etc. Son successeur, M. Henri Roux améliora un peu la découverte. Elle reçut postérieurement des perfectionnemens notables de la part de M. Pichereau, qui était l'ayant-cause de M. Roux, et avait acquis ses droits.

M. *Lefaucheux*, place de la Bourse, nº 10, à Paris, qui, à son tour, a succédé à M. Pichereau, est auteur de nouveaux perfectionnemens brevetés qui ont fait faire à cette arme, un progrès beaucoup plus marquant. Son fusil dit à *charnière*, est devenu plus commode et plus simple. Il se charge par la culasse, avec ou sans cartouches : on peut le charger rapidement et dans toutes les positions, debout, assis, couché, sans être forcé de mettre la crosse à terre, et sans avoir à craindre ni qu'on charge mal, ni qu'on mette double charge. Il se décharge aussi très facilement et sans baguette. De nombreuses attestations, et toutes infiniment honorables, déposent de ces avantages du fusil Lefaucheux. Comment s'est-il donc fait que le jury ne lui ait accordé que la médaille de bronze, tandis que la médaille d'or a été décernée à son compétiteur M. Robert, ci-après inscrit sous le n° 1150? Il y a une distance énorme entre ces deux distinctions; et si les inventions dont le dernier est auteur, assurent à son arme la supériorité sur le fusil de M. Lefaucheux, celui-ci n'avait-il pas ouvert la carrière, et n'avait-il pas marché vers la perfection, de manière à être récompensé par la médaille d'argent? Nous livrons cette réflexion à ceux qui ont observé les progrès et le développement des arts; qui savent qu'ils ne s'améliorent et ne se perfectionnent que successivement; et qui ont l'intime conviction que les services récens qu'ils reçoivent, ne doivent pas affaiblir le mérite de ceux qui leur ont été antérieurement rendus.

1138 (671). Le quatrième des cinq arquebusiers qui avaient traité avec M. Lefaucheux, pour être autorisés à se servir de son système dans leurs ateliers, est M. *Lefaure*, boulevard Poissonnière, n° 9, à Paris. Outre l'avantage que tiraient ses armes de ce système sur lequel elles étaient construites, on y remarquait un grand mérite d'exécution. Cependant M. Lefaure ne sera pas même cité dans le rapport du jury, et ses quatre co-cessionnaires, MM. Baucheron-Pirmet, Delbourse, Devismes et Prélat, y occuperont une place pour les distinctions qui leur ont été respectivement accordées. Ainsi, ce quatrième ayant-droit de l'inventeur, est traité d'une manière encore plus défavorable que son cédant.

1139 (614). Au concours de 1827, M. *Lelyon*, à Paris, rue de Richelieu, reçut une médaille de bronze pour des fusils d'un seul canon, à quatre coups avec cylindres tournant, et pour des fusils doubles et un nécessaire d'armes artistement exécutés. Son exhibition en 1834, était tout aussi remarquable; elle se composait d'un fusil perfectionné qu'il appelle *securiclave*, tirant 15 coups par minute, et 300 sans laver le canon, de carabines, pistolets, etc., qui offraient le mérite ou de quelque perfectionnement ou de l'exécution la plus soignée et la plus élégante : le jury lui a décerné une nouvelle médaille de bronze.

1140 (323). M. *Lemoine* (Pierre), rue Notre-Dame-de-Nazareth, nº 6 bis, à Paris, n'avait fait admettre au concours que des fusils de chasse, extrêmement simples et de prix modérés. La fabrication en était bonne.

1141 (649). Nommer la maison Lepage, c'est signaler une de celles qui depuis long-temps occupent le rang le plus haut dans la fabrication des armes, et y apportent une aptitude et un talent en quelque sorte héréditaires. Elle reçut, en 1823, une première médaille d'argent, et une seconde en 1827, qui ont été rappelées l'une et l'autre en 1834. Son chef actuel, M. Henri *Lepage*, arquebusier du Roi et des Princes, rue de Richelieu, nº 13, à Paris, avait une exhibition aussi distinguée par sa richesse que par les ingénieux perfectionnemens qui se faisaient remarquer dans presque toutes les pièces qui la composaient, pièces qu'il serait trop long d'énumérer, et parmi lesquelles se trouvaient un fusil double à double platine intérieure, deux platines à barrillet, des pistolets et des fusils à deux coups, quoique n'ayant qu'un canon chacun, une paire de pistolets de tir avec platine à rouet, deux mousquetons, une carabine, plusieurs pistolets se chargeant par la culasse, et un nécessaire d'armes de la plus grande beauté, donné par S. A. R. le duc d'Orléans, à M. le lieutenant-général d'artillerie Gourgault. Les mousquetons ont été essayés sur une demande adressée au ministre de la guerre, et les résultats ont été si satisfaisans que, par son ordre, il en a été mis 600 en fabrication pour faire un essai en grand, en armant ainsi tout un corps de cavalerie.

1142 (1704). Des canons de fusil damassés par MM. *Merley-Thivet* et *Merley-Duon*, à Saint-Etienne, département de la Loire, seront mentionnés honorablement dans le rapport du jury, à raison de leur bonne qualité.

1143 (1082). M. *Perin-Lepage*, à Paris, rue de la Chaussée-d'Antin, n° 24, avait été cité avec éloge dans le rapport du jury de 1823, pour un nécessaire de pistolets à double détente. Son habileté dans la fabrication des armes, est devenue remarquable depuis lors. Aussi a-t-il obtenu en 1834, la médaille de bronze.

1144 (2005). Mention honorable sera faite des canons de fusil envoyés par MM. *Picerot* frères, fabricans à Mohon, département des Ardennes, dont les uns étaient en damas pur, et les autres avec des rubans d'acier.

1145 (249). Les seuls honneurs du concours ont été accordés à M. *Plomdeur*, rue du Faubourg-Poissonnière, n° 5, à Paris. Il a néanmoins concouru au perfectionnement des armes à feu, et il est connu pour la bonne qualité des ouvrages qui sortent de ses ateliers et pour la modération de ses prix.

1146 (715). M. *Pottet* (Clément), à Paris, rue Neuve-du-Luxembourg, n° 1, a obtenu, pour l'excellente fabrication de ses armes, une médaille de bronze.

1147 (584). Le dernier des cinq cessionnaires de M. Lefaucheux, est M. *Prélat*, rue Neuve-des-Petits-Champs, n° 103, à Paris. Déjà en 1823, il avait reçu la médaille de bronze qui, en 1827, a été rappelée à son avantage. Le jury de 1834 ne s'est pas borné à en faire un nouveau rappel; il lui a décerné une nouvelle médaille de bronze. Ce qui l'y a sans doute déterminé, c'est que non-seulement M. Prélat est un arquebusier praticien très habile, mais qu'il a concouru puissamment à perfectionner les armes à feu du nouveau système, ainsi que le prouvent les brevets d'invention et de perfectionnement qu'il a pris à diverses époques, dont la première remonte à 1810.

1148 (2033). En 1827, M. *Prévost,* fabricant à Mézières (1), département des Ardennes, fut men-

---

(1) Chef-lieu du département des Ardennes, un des départemens les plus industriels de France; son commerce est en cuirs forts, fers

tionné honorablement pour un canon de fusil double en damas, à dessin régulier. Il en avait envoyé un en 1834, qui était très bien exécuté avec du fer provenant de vieilles faulx. Ses canons de fusil sont, d'ailleurs, solides et à bas prix. Nous ne trouvons pas que la mention honorable accordée en 1827 à M. Prévost, ait été rappelée en 1834. Ce n'est peut-être que par l'effet d'une omission qui sera réparée.

1149 (743). Pour la bonne fabrication des canons de fusil, le nom de Renette est, comme celui de Leclerc, connu depuis long-temps d'une manière avantageuse. Ce n'était pas cependant de simples canons qu'exposait un des membres de cette famille, M. Albert *Renette*, fabricant au rond-point des Champs-Elysées à Paris; c'était des armes complètes, et exécutées avec beaucoup de perfection. Elles seront mentionnées honorablement dans le rapport du jury.

1150 (681). Une seule médaille d'or a été accordée à la fabrication des armes. C'est M. *Robert*, rue Coq-Héron, n° 3 bis, à Paris, qui l'a obtenue. En la lui décernant, les membres du jury ont tranché la question qui, comme nous l'avons remarqué dans le préambule du présent chapitre, était restée jusque là indécise entre son fusil et celui de M. Lefaucheux, malgré les épreuves qui en avaient été faites comparativement. — Après un examen attentif, on est forcé de recon-

---

à repasser, toiles de lin, bonneterie, serges, chapeaux, étoffes de laine. — A 234 kil. de Paris; 3,759 habitans.

naître qu'il y a une invention réelle et fort ingénieuse dans le fusil Robert, c'est d'avoir enflammé l'amorce dans la cartouche même, sans la séparer préalablement de la charge, ce qui n'a pu se faire qu'au moyen d'une lumière composée de deux pièces; c'est là un fait capital. — Cet habile industriel a créé aussi le système de percussion composé d'une suite de pièces, et tel qu'il supprime la platine et dispense d'amorcer par une manœuvre à part. — Les chasseurs de profession savent faire une grande distinction entre le fusil Robert et le fusil Pauly, quoiqu'au premier abord plusieurs personnes les confondent. — Nous nous proposons dans le *Recueil de la Société Polytechnique*, de nous étendre davantage sur le fusil Robert, et de le comparer à ceux qui l'ont précédé. En attendant, voici l'explication de la planche 2-3-4 (fig. 3 à fig. 11) qui donnera une idée exacte des *fusils de chasse* et *pistolets* de cet inventeur.

Le fusil se compose du canon A, fig. 8; de la culasse B, dont le prolongement B s'appelle levier et porte la pièce mobile D, appelée anneau; des plaques ou joues E, qui reçoivent les tourillons F, et dont les épaulemens G sont traversés par les vis de la culasse H et H'; du bandeur J, qui traverse les plaques, et qui porte un galet D' pour armer le grand ressort; du grand ressort M dont la partie NN s'appelle marteau, et le prolongement NN' indicateur, parce qu'il indique en se montrant dans l'embranchement du pontet, que le fusil est armé; de la détente O, de l'écusson Q qui reçoit la vis du pivot R, la vis du grand ressort S, les deux grandes vis T du tonnerre, la vis de la détente U et le pontet X, dont l'ouverture X', se nomme cloaque, ou embranchement; des vis du pontet C' et C", des vis du bois V et V', et du ressort Z' de l'anneau; du bois garni de la plaque de couche Y, fig. 5-6, et de la boîte Z qui en recouvre la cavité intérieure.

La cavité du canon qui reçoit la cartouche, s'appelle *chambre*, et le petit prolongement *e*, situé à son extrémité, *appendix*.

On nomme *batterie* l'ensemble des pièces qui se montent sur l'écusson Q.

La lame de cuivre qui sépare les deux canons des fusils doubles, se nomme *cloison* ou *diaphragme*.

On appelle *demi-résistance* ou *première résistance*, le premier sentiment de résistance qu'on éprouve quand, après avoir décroché l'anneau, on lève la culasse du fusil armé. Cette demi-résistance est causée par le contact du galet et du grand ressort, et se fait sentir quand la culasse est levée à peu près aux deux tiers de sa course.

On appelle *résistance* ou *dernière résistance*, le point où s'arrête la culasse quand le fusil est entièrement ouvert (1).

Maniement du fusil. — Charger. — Ouvrez la culasse; mettez la cartouche; fermez la culasse.

---

(1) Le fusil étant considéré pour sa théorie dans la position d'*en joue*, au moment de faire feu, son côté droit est celui qui, dans cette position, se trouve à la droite du chasseur, et ainsi des autres côtés.

Pour faire feu. — Tirez la détente.

Désarmer. — Levez la culasse jusqu'à la demi-résistance ; tirez la détente.

Armer. — Ouvrez la culasse entièrement.

Décharger. — Ouvrez la culasse entièrement ; retirez la cartouche par l'amorce.

Démonter entièrement le fusil. — Enlevez 1° les deux grandes vis T de la batterie ; 2° la vis R du pivot ; 3° le canon A ; 4° les deux vis V et V' du bois ; 5° la batterie Q ; 6° démontez la batterie ; 7° démontez la culasse B.

Nettoyer le fusil. — Servez-vous d'un peu de salive ou d'huile, ou même d'eau pure ; essuyez ensuite toutes les pièces, et recouvrez-les d'un corps gras.

Remonter le fusil (1). — Remontez la batterie ; fixez-la au bois à l'aide des vis V et V' ; armez les grands ressorts ; remontez la culasse au canon M ; fixez le canon au bois avec les vis R, T et T, et en commençant par la vis R du pivot ; assurez-vous que toutes les vis sont bien serrées à fond ; désarmez le fusil.

Pour l'entretien du fusil, mettez, au retour de la chasse, sans qu'il soit utile pour cela de le démonter, de l'huile en abondance à toutes les pièces du mécanisme, qui sont accessibles, avec une barbe de plume ; par exemple, aux tourillons, aux plaques, à la tranche du canon, aux gâtels, aux détentes et derrière l'anneau. Opérez un net-

---

(1) Toutes les vis du côté droit sont marquées d'un petit trait de lime à leur extrémité.

toiement complet, si le fusil doit rester un mois sans servir.

1151 (1496). M. *Rousseau*, arquebusier à Chartres (Eure-et-Loir), fut mentionné honorablement en 1827. La mention sera rappelée sans doute dans le rapport du jury central. Il y avait d'autant plus lieu d'en faire le rappel à l'avantage de M. Rousseau, que les fusils et pistolets de son exhibition, étaient d'une grande simplicité, deux pièces en formant toute la batterie, et qu'il y a de la modération dans le prix.

1152 (2006). Des fusils ordinaires, solides et bien fabriqués, avaient été mis au concours par M. *Salmon*, arquebusier à Charleville, département des Ardennes.

1153 (1722). Les armes de M. Salmon n'ont reçu aucune distinction de la part du jury. Il en a été de même du fusil à silex ou à pierre, envoyé par M. *Touchard* fils, arquebusier au Mans, département de la Sarthe. Ce n'était pas cependant un fusil ordinaire conforme aux anciens modèles; il se charge par la culasse, avec facilité et promptitude, et peut tirer en une minute jusqu'à douze coups. Son auteur lui attribue tous les avantages du fusil à piston.

Voyez au trentième chapitre, le numéro assigné à M. Pihet qui, avec des machines et des métiers, avait exposé des armes.

Appendice à la section des Armes.

Nous plaçons ici, comme dépendance de cette

section, des produits que leur destination y rattache.

1154 (879). Des poires à poudre étaient présentées par M. *Armand-Clerc*, rue du Buisson-Saint-Louis, n° 16, à Paris. Le n° 1007 lui a déjà été assigné pour ses affiloirs. Nous le retrouverons encore au trentième chapitre, parce qu'il avait compris dans son exhibition, une machine à scier le marbre, des découpoirs et des tours.

1155 (589). D'autres poires à poudre étaient exposées par M. *Boche*, à Paris, rue du Faubourg-Saint-Martin, passage du Désir; il y avait joint des amorces. Le rapport du jury de 1827, a cité avec éloge MM. Boche et Aubin, dont le premier est seul et unique successeur. Nul doute qu'il n'ait reçu la même distinction, du jury de 1834. Ses poires à poudre sont de formes élégantes et très variées dans leurs ornemens plus ou moins riches, le prix en étant depuis six francs la douzaine jusqu'à six cents francs.

1156 (302). M. *Dida* (Antoine), vieille rue du Temple, n° 123, à Paris, fut aussi cité en 1827, pour ses casques en laiton doré : il le sera de nouveau dans le rapport du dernier jury. C'est le fournisseur des casques et crapska de l'armée, des casques de la garde municipale à cheval de Paris, et des sapeurs-pompiers de la marine. La distribution intérieure de sa fabrique, a été faite de manière à faciliter singulièrement le travail des ouvriers, dont le nombre peut être porté jusqu'à 250. Toutes les pièces du casque et crapska s'y exécutent complètement, ainsi que beaucoup d'autres objets d'équipement militaire. A cette fabrication, qui est la principale de M. Dida, il a réuni celles des vis cylindriques, du doublé d'or soudé à froid, et des ornemens en cuivre très fort, estampés et frappés au mouton.

DIX-HUITIÈME CHAPITRE.

BRONZES, ORFÉVRERIE, PLAQUÉ.

La fonte et la fabrication des bronzes, appartiennent exclusivement en France à l'industrie parisienne. Elle seule exploite aussi le plaqué. S'il y a dans quelques villes de nos départemens des ateliers d'orfévrerie, ils ne sont comparables à ceux de Paris ni pour le nombre, ni pour la beauté et le fini des ouvrages qui en sortent.

1re SECTION. — *Bronzes.*

1157 (1017). MM. *Bavozet* frères et sœur, fondeurs-fabricans de bronzes, rue Neuve-Saint-Etienne-Bonne-Nouvelle, n° 15, à Paris, ont exposé des bronzes pour pendules. C'est le genre auquel ils se livrent spécialement. On remarquait dans leur exhibition, deux nouveaux modèles qu'ils avaient récemment produits, l'un représentant le portail de l'église métropolitaine de Rheims, et l'autre celui de la calende de la cathédrale de Rouen : tous deux étaient élaborés avec soin, et avec les plus petits détails des formes de l'architecture et de la sculpture qui ornent l'entrée de ces superbes basiliques.

1158 (1111). M. *Braux-Danglure* (de), à Paris, rue du Faubourg-Saint-Honoré, n° 60, a présenté une multitude de ces petits bronzes, dont l'usage se répand de plus en plus, leur bas prix les introduisant jusque dans les appartemens les plus modestes.

1159 (370). Il y avait du naturel dans les animaux et les groupes d'animaux fondus en bronze par M. *Butte* (Nicolas-Louis), rue de Berry, n° 12, à Paris. La plupart des sujets étaient pour pendules.

1160 (204). Les bronzes qui tiennent à la construction des bâtimens, tels qu'espagnolettes, grilles, balustres, etc., sont exécutés avec goût par M. *Delafontaine* (Pierre), à Paris, rue de l'Abbaye, n° 10, et le prix n'en est pas élevé. Ils offrent ainsi un double mérite. M. Delafontaine n'est pas étranger, d'ailleurs, à la fabrication des ouvrages d'art en bronze : il en donnait la preuve par un buste de Napoléon, qui rendait bien les traits du grand homme. Le jury lui a décerné la médaille d'argent.

1161 (643). Un de nos fabricans de bronzes qui se distingue le plus par son talent, la sûreté de son goût, la pureté de son style, la perfection de ses ouvrages, l'étendue et la bonne distribution de ses ateliers qui comprennent depuis la préparation et le travail de la fonte jusqu'à la dorure inclusivement, est M. *Denière*, rue d'Orléans, au Marais, n° 9, à Paris. Le jury de 1827 lui accorda la médaille d'or: les membres de celui de 1834 ont déclaré unanimement qu'il s'en montre digne plus que jamais. Sa brillante et remarquable exhibition a constamment attiré la foule qui restait en admiration devant ses candelabres, ses lustres, ses lampes, ses tables, et surtout devant une pendule et deux vases en lapis, artistement montés, une Psyché à trois compartimens, en bronze doré, fond malachite, enrichie d'un travail précieux de ciselure et couronnée par des figures d'enfans supportant des guirlandes de fleurs, un plateau également en bronze doré, entouré d'une galerie que formaient des figures d'enfans et de chèvres, etc. Il y avait en tout quarante-une pièces d'environ 150,000 de valeur. Par la pl. 5-6, fig. 6 et 7, on pourra juger des formes, des détails, de la richesse et du goût mis dans les produits de M. Denière.

1162 (778). Des chandeliers d'autel, argentés et dorés, de six modèles différens; divers chandeliers d'acolythes, également dorés; des encensoirs, des ostensoirs, des pieds de calice, des bras d'autel, un reliquaire et une lampe; un grand candelabre en bronze; des articles de table et de salon, en cuivre doré et argenté : tels étaient les produits variés mis au concours par M. *Denyset*, à Paris, rue de Montmorency, n° 10. On voit qu'il travaille en bronze pour les églises, et qu'à cette industrie il joint celle du plaqué et du doublé. Ceux de ses ouvrages qu'il destine aux temples catholiques, sont dans le genre du beau bronze et de l'orfévrerie, et ses prix sont modérés.

1163 (1008). M. *Dumont*, rue de la Perle, n° 4, à Paris, avait exposé une pendule de formes agréables et dont le sujet était ingénieux : elle figurait les trois âges.

1164 (1149). Ce n'était pas des bronzes véritables qu'offrait M. *Fougère*, à Paris, rue des Marais-Saint-Martin, n° 18; c'était des imitations de bronze qu'il obtient par un vernis qui rend les objets semblables à ceux dorés sur cuivre.

1165 (843). Voici un de nos artistes qui, parmi les fabricans de bronze, s'est depuis long-temps placé au rang le plus honorable; c'est M. *Galle*, rue de Richelieu, n° 89, à Paris. Il avait mis sous le 4e pavillon de la place de la Concorde, une pendule, des vases et candelabres en malachite, plusieurs lustres, et deux garde-feux qui lui étaient commandés par M. le duc d'Orléans. Toutes ces pièces étaient composées avec goût, à part les lustres qui ont été l'objet de quelques critiques, et leur exécution ne laissait rien à désirer. En 1823, M. Galle obtint la médaille d'or; elle fut rappelée en 1827, et elle l'a été de nouveau en 1834.

1166 (1229). La pendule de M. *Gaut*, à Paris, faubourg du Temple, n° 27, était à sujet d'animaux; il y avait de la vérité et du naturel.

1167 (383). Nous avons vu sous le n° 1158, M. de Braux-Danglure exposer une quantité considérable de petits bronzes. Son exhibition nous a portés à dire que ces sortes d'ouvrages se répandaient de plus en plus, et s'introduisaient dans l'ameublement des personnes même peu aisées. Celle de M. *Hébert* (Jean-Baptiste), rue Neuve-Saint-Laurent, n° 18, à Paris, nous a confirmés dans cette opinion.

1168 (452). Les bronzes pour pendules, les

candelabres, lampes, vases, etc., de M. *Jeannest* (Louis-François), rue Boucherat, n° 18, à Paris, attiraient les regards du public, et par ce qu'ils étaient, et par ce qu'ils promettent de la part de leur ingénieux et habile producteur qui, ayant reçu la médaille de bronze en 1827, a été jugé digne, en 1834, de celle d'argent. On y distinguait surtout un sujet de pendule, de grande dimension, représentant Périclès qui distribue des couronnes aux savans et aux artistes de son illustre siècle; une bacchante montée sur un bouc; les trois Grâces, d'après Pradier; deux grands vases exécutés sous l'empire, figurant le mariage de Napoléon et la naissance du roi de Rome; la Vénus à la tortue, grand sujet de pendule; l'astronomie, autre grand sujet de pendule, achetée par ordre du Roi.

1169 (943). Nous ne dirons rien des bronzes de M. *Lafon* (Louis-François), à Paris, rue Neuve-Saint-Gilles, n° 8; ils n'ont eu que les honneurs du concours.

1170 (622). MM. *Ledure* et Ce reçurent une médaille d'argent au concours de 1819. Le jury de 1834 a déclaré qu'ils en sont restés dignes. Leur fabrique est rue d'Angoulême, au Marais, n° 72. Parmi les productions généralement riches qu'ils étalaient sous le 4e pavillon de la place de la Concorde, on peut citer une pendule représentant Marius assis sur les ruines de Carthage; une seconde pendule, grand modèle, à figures, style de la renaissance (fig. 2, planch. 5-6-7); une troisième pendule, petit modèle, dans le même style, exécuté comme la précédente, sur les dessins de M. Violet-Duc fils, et deux coupes moulées sur celle de Warwick, dont l'original est en Angleterre.

1171 (296). La fabrique de bronzes de M. *Lerolle*, chaussée des Minimes, n° 11, à Paris, compte vingt-cinq ans d'existence, et n'occupe pas moins de 150 ouvriers. On y trouve tout ce qui s'exécute en bronze, pendules, candelabres, plateaux, vases, corbeilles, tables, etc. Ses expéditions pour l'étranger, sont nombreuses. Parmi les ouvrages que cet artiste fabricant avait mis au concours, sa cheminée, fig. 1re, (pl. 8-9 et 10), et sa console avec leurs trumeaux, destinées à l'ornement du palais du roi de Sardaigne, exécutées totalement en bronze d'après les dessins de M. Palaggi, président de l'académie des beaux-arts de Milan, sollicitaient l'attention et l'examen des visiteurs; il n'y en avait point qui ne s'y arrêtât pour admirer la finesse de la ciselure, et la parfaite régularité de la monture et de l'union des pièces. M. Lerolle a reçu la médaille d'argent.

1172 (1236). Des imitations de bronze ont été offertes par M. *Patry*, rue de Crussol, n° 23, à Paris; c'était des candelabres, des lampes antiques, des pieds de lampe qui provenaient du zinc fondu au moule, et non au sable, suivant la méthode le plus suivie. Nous y avons reconnu un mérite qui n'est pas à dédaigner, un prix extrêmement bas : ce qui se vendrait 250 à 300 fr., en bronze véritable, vaut à peine 50 fr. imité en zinc.

1173 (936). Les honneurs du concours ont été

la seule récompense de M. *Pickart*, fabricant de bronze, rue de Montmorency, n° 14, à Paris.

1174 (410). L'établissement pour la fonte et la fabrication des bronzes, exploité avec beaucoup de succès à Paris, par M. Alexandre *Picnot*, rue des Fossés-Montmartre, n° 10, fut fondé par son père en 1780. Ses relations s'étendent dans la plus grande partie de l'Europe. C'est de là que sont sortis les magnifiques surtouts de table de l'empereur de Turquie et du roi des Belges. Comme il serait trop long d'énumérer les pièces que M. Picnot avait fait admettre au concours, nous nous bornerons à citer une grande pendule à deux figures, représentant Alcibiade et Aspasie; deux grands vases en bronze, forme étrusque, avec piédestaux de six pieds de hauteur; une table ronde en bronze doré, avec dessus en mosaïque; deux coupes de moyenne grandeur. La médaille de bronze est décernée à M. Picnot.

1175 (241). Ce n'est pas seulement pour leurs ouvrages de bronze que MM. *Raingo* frères, rue de Touraine, n° 8, à Paris, s'étaient présentés et avaient été reçus au concours; c'était encore pour leurs pendules, dont ils font un grand commerce dans l'intérieur et à l'étranger. En fait de bronzes, ils exposaient plusieurs petits chevaux qui servent à l'ornement, et qu'ils emploient aussi dans leurs pendules; ils y avaient joint divers supports de pendule, dont un entrelacé de feuilles de vigne et de grappes de raisin, surmonté d'une corbeille et de quelques oiseaux, formait un ensemble gracieux. Nous retrouverons MM. Raingo frères au vingtième chapitre. Ils furent mentionnés honorablement en 1827 pour leur horlogerie.

1176 (405). Les objets offerts par MM. *Richard* et *Quesnel*, fondeurs, ciseleurs et fabricans de bronze, rue des Enfans-Rouges, nº 13, à Paris, ont révélé en eux un talent véritable, déjà porté très loin, et leur ont fait obtenir la médaille d'argent. Ces objets étaient nombreux, et la plupart fixaient l'attention publique. Indiquons seulement les principaux : Le danseur napolitain, d'après Duret, statue en bronze, pleine de naturel, de grâce et d'expression; le masque de Napoléon, exécuté en bronze sur le moule pris à Sainte-Hélène par le docteur Antomarchi, imitant de la manière la plus exacte l'empreinte moulée en plâtre; un buste du même empereur, fondu en bronze par le procédé de la cire perdue; une copie de l'admirable coupe de Benevenutto Cellini; six cadres renfermant des médaillons, œuvre d'habiles sculpteurs vivans, parfaitement reproduite en bronze par la fonte sans ciselure; un cheval ronde bosse, portrait fidèle de Sylvio, étalon de pur sang anglais; plusieurs pièces de mécanique en cuivre, dit bronze canon, à l'usage des mécaniciens.

1177 (644). La distinction obtenue par messieurs Richard et Quesnel, a été adjugée par le jury à MM. *Soyer* et *Ingé* fils, à Paris, rue des Trois-Bornes, nº 18; ils ont reçu, comme leurs rivaux, la médaille d'argent. Ces deux maisons ont acquis une réputation de premier ordre, par leur habileté dans la fonte et la ciselure des bronzes. — L'exhibition de MM. Soyer et Ingé fils, était des plus belles : on y remarquait un berceau contenant deux enfans endormis; Psyché et l'Amour, pendule; une tête de Moïse; la Madeleine, de Canova; la statue de Napoléon; une figure du Sommeil, la tête ornée de pavots parfaitement ciselés; des groupes d'animaux, et des candelabres. Tous ces ouvrages de décor et de curiosité, sortaient de leur fonderie particulière à creusets, et de leurs ateliers ordinaires de ciselure. — Ils ont, en outre, un établissement monté sur une vaste échelle, pour la production des pièces monumentales. Les fosses y sont de 25 pieds en toute dimension, ou de plus de 15,000 pieds cubes de contenance; deux fourneaux à réverbère pour opérer la fusion du métal, en peuvent fournir simultanément 50 milliers; une grue de la force de 300 quintaux métriques, sert à mouvoir les grandes pièces, et les ateliers sont organisés de manière à mener de front les diverses parties du travail de plusieurs statues équestres. Ce superbe établissement, le seul de ce genre que nous connaissions à Paris, après la fonderie de bronze du faubourg du Roule, qui appartient à la ville, ne date que de 1828.

1178 (1007). S'il est une exhibition qui ait constamment attiré dans le 4e pavillon de la place de la Concorde, c'est incontestablement celle de MM. *Thomire* et Ce, fabricans de bronze, rue Blanche, n° 45, à Paris, qui obtinrent la médaille d'or en 1823, distinction rappelée en 1827, et qui l'a été de nouveau en 1834. Elle offrait à la curiosité publique, un service de table, dans le style du siècle de Louis XIV, composé d'un groupe milieu, avec deux autres groupes portant sept lumières chacun; deux trépieds, même style, et sept pièces de dessert assorties, le tout bronze doré, or moulu; un second service de table figurant des ceps et des feuilles de vignes, fig. 1 et fig. 2, pl. 11, 12 et 13; deux trépieds avec quatre candelabres à balustres, et vingt pièces de dessert en bronze doré au mat; une grande table de malachite de Barbarie, encadrée d'un riche bandeau, et portée par un faisceau d'armes entouré de trois aigles russes, bronze doré, or moulu; un grand lustre à 30 lumières, deux grandes lampes à 18 becs chacune; deux grands candelabres à balustre, de neuf pieds de hauteur, d'autres candelabres, pendules, trépieds, dorés ou au mat ou à l'or moulu. — Mais de tous les ouvrages exposés par MM. Thomire et Ce, le plus remarquable par ses dimensions et sa richesse, était un temple (fig. 3, pl. 11-12-13) de 18 pieds de haut, sur 10 de diamètre, qui leur avait été commandé par M. le comte Demidoff, pour en faire hommage à l'empereur de Russie. En voici une description exacte et fidèle. Sa base se compose de trois marches en marbre précieux. Au milieu est une mosaïque, des extrémités de laquelle s'élèvent huit colonnes en malachite, avec chapiteaux d'ordre corinthien, surmontés de leur frise. Le fond de la frise est aussi en malachite, et celui des modillons formant corniche, est en lapis lazul. L'acrotère se compose de plaques également en malachite, ornées de trophées. L'édifice, surmonté d'une coupole revêtue d'écailles en bronze, est couronné par un trophée aux armes de Russie. Dans son intérieur, la coupole est divisée par caissons, qui viennent se joindre à une double rosace : le fond des caissons est en lapis lazuli, et toute l'architecture du temple est en bronze doré, or moulu; il a suffi, pour concevoir cette description que la moitié de la figure fût représentée (pl. 11, 12, 13).

1179 (357). La maison *Vallet-Cornier*, rue de la Chaussée-des-Minimes, près la place Royale, n° 2, à Paris, connue anciennement sous le nom de Cornier, fut mentionnée honorablement en 1827. Elle a, depuis cette époque, étendu et perfectionné sa fabrication de galeries de cheminée en bronze, dont elle exposait plusieurs nouveaux modèles très-propres à décorer les appartements. M. Vallet-Cornier y avait joint des frises en bronze pour meubles, de très-bon goût. Ses prix sont modérés. Le jury lui a décerné la médaille de bronze.

1180 (1374). C'est la même distinction qu'a obtenue *M. Villemsens*, fabricant de bronzes, à Paris, rue Michel-le-Comte, n° 18. Parmi les ouvrages qui composaient son exhibition, il y avait une bonne et fidèle copie de la curieuse armure de François Ier.

2e SECTION. — *Orfévrerie.*

1181 (1159). En 1827, *M. Blerzy*, rue du Roule, nº 13, à Paris, fut mentionné honorablement. Le jury de 1834 lui a accordé la médaille de bronze, pour ses ouvrages d'orfévrerie d'église.

1182 (1787). Une statue de la vierge, de grandeur naturelle, en feuilles d'argent battu, avait été envoyée de Marseille (Bouches-du-Rhône), par *M. Chaunel* (Jean-Baptiste), qui doit être doué d'une admirable patience, pour avoir composé, à force de milliers de coups de marteau et à force de travail, un ouvrage qui, sans être exempt de tout blâme, avait néanmoins de l'importance et du mérite. Il a passé cinq années entières à l'exécuter, sur la commande des administrateurs de la chapelle de Notre-Dame-de-la-Garde ; et l'exécution annonçait qu'il est à la fois artiste, orfèvre, dessinateur, sculpteur, connaissant bien les règles du modelé. Le jury lui a décerné la médaille de bronze.

1183 (518). Celle d'argent a été obtenue par *M. Durand* (François), à Paris, rue du Bac, nº 58. Il est élève de M. Odiot père, et on a vu qu'il marchait sur les traces de son maître. Ses théières avaient des formes agréables; mais celles d'un pot à eau orné de figures, et d'une cuvette, étaient encore plus gracieuses : ces deux vases étaient, d'ailleurs, exécutés avec les plus grands soins.

1184 (980). *M. Fauconnier*, rue de Babylone, à Paris, hôtel de madame Adélaïde, est un de nos premiers orfèvres. La médaille d'or lui fut accordée en 1823; les jurys de 1827 et de 1834 ont eu soin de la rappeler. Cet artiste exposait une fontaine à thé, dans le style de la renaissance, et une théière et un pot à crème dans le style gothique. Si on y admirait une grande pureté de goût et de formes, l'attention s'est plus vivement portée, vers la fin de l'exposition, sur les fragments d'un vase (pl. 14 et 15), qui lui avait été commandé par les souscripteurs de l'offrande à faire au général Lafayette, et auquel il n'avait pas eu le temps de mettre la dernière main. Aujourd'hui, ce vase a paru, et quoiqu'il offre plusieurs parties remarquables, il en est d'autres qui sont devenues l'objet de critiques plus ou moins fondées. Le bas-relief le plus saillant est celui qui représente la reddition d'un corps de l'armée anglaise aux troupes des États-Unis, pendant la guerre de leur indépendance : on y voit un général anglais s'avançant pour remettre son épée au général Lafayette, qui, montrant Washington, indique que c'est à lui qu'elle doit être rendue. Dans le *Recueil Industriel* nous consacrerons un article supplémentaire à cet objet.

1185 (1349). Nous plaçons ici, comme dépendant de l'orfévrerie, les ouvrages de ciselure au repoussé, de *MM. Kirstein*, père et fils, rue Guénégaud, n° 3, à Paris. Ils n'ont pu être exécutés que par les longs efforts de la plus laborieuse patience; on y remarquait toutefois un talent réel d'exécution, et qui était surtout frappant dans le vase dont la frise représentait le triomphe d'Alexandre.

1186 (602). Au concours de 1823, une médaille d'argent avait été décernée à *M. Lebrun*, à Paris, quai des Orfèvres, n° 40; elle fut rappelée en 1827, et le jury de 1834 en a fait un nouveau rappel. — M. Lebrun dessine et modèle lui-même les pièces qui sortent de ses ateliers : ne se bornant pas à l'orfévrerie française, il s'est exercé, avec une pleine réussite, dans le genre anglais, qui n'est que trop en vogue en France. Parmi les ouvrages de ces espèces opposées composant son exhibition, on distinguait deux vases destinés aux prix des courses de chevaux, le premier en argent, le second en vermeil, où des chevaux ailés remplaçaient les anses ordinaires; et un autre vase de forme antique, sans robinet apparent, servant à l'ébullition de l'eau pour le thé : en tournant le sommet du vase, on obtient le même résultat que par le robinet.

1187 (799). *M. Lefranc* aîné, rue Taitbout, n° 30, à Paris, avait donné beaucoup de richesse à son orfévrerie. Plusieurs de ses pièces étaient décorées de bouquets or et argent, parfaitement ciselés et appliqués avec art. Une fontaine à thé et une théière se distinguaient aussi par l'élégance de leurs formes

1188 (620). La médaille de bronze a été obtenue par *M. J. Lefranc*, orfèvre-joaillier-bijoutier, au Palais-Royal, n° 86, à Paris, successeur de Cabasson. Ses talents sont avantageusement connus, et il en a donné de nouvelles preuves par la bonne exécution des ouvrages qu'il avait fait admettre au concours, lesquels consistaient en un surtout de déjeûner, du diamètre de 31 pouces sur 27; un sucrier avec ses 12 cuillères; un petit service de table complet, et un petit déjeûner complet, réduits l'un et l'autre au quart des dimensions ordinaires; et, dans le genre anglais, une théière, un sucrier, deux déjeûners avec soucoupes, un pot à crême et un bol à punch.

1189 (226). Dans le Recueil industriel, du mois d'avril 1832, il a été question de l'orfévrerie niellée, de *MM. Mention* et *Charles Wagner*, à Paris, rue du Mail, n° 1. Grâce à leur habileté et à leur zèle, l'art de la niellure, qui remonte au septième siècle, et que le seizième a beaucoup cultivé, surtout à Florence, reparaît avec éclat parmi nous. Les Russes y étaient déjà revenus, en l'appliquant à des tabatières d'argent. MM. Mention et Wagner sont allés plus loin, et en ont étendu et varié l'application. Ils n'avaient pas seulement exposé des tabatières; leur exhibition comprenait aussi des poignées de sabres et de poignards, des coupes, des boîtes de montre, diverses pièces d'argenterie, un coffret à bijoux, des pistolets, etc., parfaitement niellés. Cet art peut se promettre des succès en France, la niellure s'y obtenant avec économie, par le moyen mécanique de l'impression. Pour le service que MM. Mention et Charles Wagner ont ainsi rendu à l'orfévrerie française, le jury leur a décerné la médaille d'or.

1190 (1142). La maison Odiot a participé à toutes les expositions des produits de l'industrie, et toujours de la manière la plus honorable, depuis et y compris l'an IX jusqu'à 1834 inclusivement. C'est une des plus anciennes, des plus riches de la capitale, et qui y fait un commerce d'orfévrerie très-étendu. *M. Odiot*, fils, son chef actuel, rue l'Évêque, n° 1, à Paris, en soutient la réputation. Autrefois, son père avait produit beaucoup de modèles distingués par la pureté du dessin et par la beauté et la noblesse des formes : pour en perpétuer le souvenir, il les fit couler en bronze, et obtint de l'autorité ministérielle qu'ils resteraient exposés aux regards du public, dans les salles du conservatoire des Arts et Métiers. Les pièces que M. Odiot fils avait placées sous le quatrième pavillon de la place de la Concorde, ne se recommandaient pas toutes par le mérite qu'offrent ces modèles. C'est que malheureusement les artistes, et beaucoup d'orfèvres peuvent être ainsi qualifiés, ne sont pas libres parfois de se livrer à leurs inspirations, et qu'ils sont emportés au-delà des règles d'un goût pur, par celui des riches consommateurs, qui ne s'adressent à leur talent que pour le charger d'entraves. Quoi qu'il en soit, l'exhibition de M. Odiot fils se composait principalement de deux services de table, l'un en argent mat, figurant des ceps et des feuilles de vigne; l'autre en style anglais (fig. 2 et fig. 3, pl. 8, 9 et 10). Sans rappeler les critiques dont ils ont été l'objet, sous le rapport de la composition, nous proclamons hautement qu'on y retrouvait une grande habileté d'exécution et beaucoup de richesse de travail. Par ces dernières considérations, et parce que la plupart des pièces, appartenant à ces deux services, ne méritaient que des éloges, prises isolément, les membres du jury central n'ont pas hésité à reconnaître que la maison Odiot reste digne de la médaille d'or qu'elle a reçue depuis longtemps, et qui a déjà été rappelée aux précédents concours de 1819, 1823 et 1827.

Voir, à la section suivante, le n° 1191, sous lequel nous y comprendrons M. Balaine, et le n° 1197, qui y sera assigne à M. Veyrat.

3me Section. — *Plaqué.*

D'après les documents fournis par l'enquête commerciale des derniers mois de 1834, nos fabriques de plaqué, qui sont, comme nous l'avous dit, toutes concentrées dans la capitale, y forment de vingt-cinq à trente ateliers grands ou petits. Leur production annuelle est d'environ six millions de valeur, dont une partie passe à l'étranger.

On se dégoûta, en France, du plaqué, tel qu'on l'y fabriquait dans le principe, il y a trente ans. Le dégoût provint de ce qu'après quelque temps de service, les reliefs rougissaient, et les arêtes vives perdaient l'argenture. Le zèle et les efforts des fabricants en ont ranimé le goût, qui s'étend de plus en plus : ils y sont parvenus en plaquant au plus haut titre les surfaces planes que l'usage n'altère pas, et en formant avec de l'argent pur les bords saillants et les ciselures (1).

1191 (14). En 1827, *M. Balaine*, fabricant de plaqué, rue du Faubourg-du-Temple, n° 93, à Paris, et tenant un dépôt galerie Colbert, reçut la médaille de bronze ; celle d'argent lui a été adjugée en 1834. Sa maison, avantageusement connue depuis plus de vingt ans, a fait de grands pas vers la perfection. Elle exporte au moins le quart de ses produits. M. Balaine se charge, en outre, d'exécuter en argent pur, toutes les pièces d'orfévrerie qui lui sont commandées. Les ouvrages qu'il exposait, étaient de formes simples et de bon goût ; il y avait notamment un plateau parfaitement travaillé.

(1) Voir le *Recueil industriel*, cahier de novembre 1833, p. 155 et suivantes.

1192 (375). Le service de table et les autres objets en plaqué qu'avait fait admettre *M. Chandezou* jeune, rue Charlot, n° 4, à Paris, offraient un bon choix de formes et d'ornements. Ils seront mentionnés honorablement dans le Rapport du jury.

1193 (209). *M. Gandais*, fabricant, rue du Ponceau, n° 19, à Paris, ayant un dépôt au Palais-Royal, n° 118, a fait faire des progrès marquants à l'industrie du plaqué. C'est à lui surtout qu'elle est redevable des perfectionnements signalés à la fin du préambule de cette section. Aussi, il a reçu du jury central la médaille d'argent. Déjà un Rapport fait à la Société d'encouragement, en décembre 1833, avait demandé en sa faveur la médaille d'or de première classe (1). Son exhibition était une des plus brillantes : par son éclat, et par les dimensions et les formes des pièces qui la composaient, elle attirait et retenait les curieux. On y remarquait un tableau de surtout de table en cinq parties, à fond de glace, orné de huit belles girandoles, de trois corbeilles garnies de fleurs artificielles, et de coupes en cristal décorées de pierres précieuses ; deux grandes soupières ovales ; une fontaine pour trois liquides, dont le robinet était dissimulé ; deux services à thé ; deux plateaux ciselés richement, etc.

1194 (912). La maison de *M. Hardelet* aîné

(1) Voir le *Recueil industriel*, cahier de novembre 1833 p. 150.

(François-Pierre), à Paris, rue Notre-Dame-de-Nazareth, n° 19, exploite une des plus anciennes fabriques de plaqué. Son chef actuel, qui la dirige depuis dix ans, a étendu ses travaux et ses opérations de commerce. Ses prix sont modérés; ses modèles, qu'il dessine lui-même, sont remarquables par la pureté des formes (fig. 4, 5, 6 et 7, pl. 8, 9 et 10). C'est le double mérite qu'on reconnaissait dans la plupart de ses ouvrages destinés au service du culte, qui lui ont fait obtenir la médaille de bronze.

1195 (440). Nous avons déjà assigné, au seizième chapitre, troisième section, le numéro 829, à M. Parquin (Théodore), rue Popincourt, n° 74, à Paris, pour ses beaux ouvrages de chaudronnerie. A cette fabrication, il en joint une plus brillante, celle du plaqué, qu'il exécute avec goût et dans des formes pures et élégantes. Tels étaient les caractères de ceux des produits de ce dernier genre, qu'il avait fait admettre à l'exposition. En 1827, M. Parquin reçut la médaille d'argent; le jury de 1834 a déclaré qu'il ne cesse de s'en montrer digne.

1196 (1037). Il y a longtemps que *M. Pilliond*, à Paris, Vieille-rue-du-Temple, n° 78, se fait admettre aux expositions des produits de l'industrie. En 1819 il avait reçu la médaille de bronze, qui fut rappelée en 1833. Celle d'argent lui a été accordée en 1827, et le jury de 1834 en a aussi fait rappel. Ces distinctions témoignent assez que M. Pilliond ne le cède pas à ses concurrents, et que sa maison tient un des premiers rangs dans la fabrication du plaqué.

1197 (19). Ce n'est pas seulement sur le cuivre que l'argent est plaqué par *M. Veyrat*, rue de la Tour, n° 10, à Paris : il plaque encore le fer et l'acier; enfin, il fait de l'orfévrerie en argent massif. La médaille de bronze qu'il obtint en 1827, a été rappelée par le jury de 1834. Nous regrettons que la distinction immédiatement supérieure ne lui ait pas été accordée. Il nous en avait paru digne par le nombre des ouvriers qu'il occupe, par les trois branches qu'il a réunies dans ses ateliers, par une activité que rien n'arrête, et par son étude constante de moyens économiques à adapter à ses divers genres de fabrication.

Ne terminons pas cette section, sans rappeler que M. Saint-Maurice Cabany, à qui a été assigné le n° 795, deuxième section du quinzième chapitre, avait dans son exhibition d'articles divers de papeterie, de jolis cartonnages couverts de doublé d'or et d'argent, qui imitent l'orfévrerie de la manière la plus parfaite.

Revoyez aussi, dans la première section du présent chapitre, le n° 1162, sous lequel M. Denyset a été compris.

Appendice à la section du plaqué.

1198 (159). Il nous paraît convenable de rattacher par appendice à cette section, les produits de *M. Moussier-Fièvre,* horloger, orfèvre et bijoutier, breveté d'invention et de perfectionnement, rue des Fossés-Montmartre, n° 27, à Paris. Comme le plaqué, ils sont destinés principalement au service de la table, et ils figuraient, comme lui et avec lui, sous le 4e pavillon de place de la Concorde. Formés d'un alliage dont les couleurs sont vives et brillantes, ils imitent parfaitement l'argenterie ; et l'inventeur livre ainsi à la consommation et à l'usage des gens peu aisés, des couverts, casseroles, plats de toutes formes et dimensions, soupières, assiettes, cafetières, timbales, porte-huiliers, salières, manches de couteau, moutardiers, théières, plateaux, soucoupes, etc., etc. Les prix sont modiques ; et si, conformément aux promesses et assertions de M. Moussier-Fièvre, son alliage conserve sa beauté sans se noircir, ainsi qu'il arrive à beaucoup d'autres compositions du même genre, il a rendu un véritable service aux classes les plus nombreuses de la société.

DIX-NEUVIEME CHAPITRE.

BIJOUTERIE ET JOAILLERIE.

1re SECTION. — *Bijouterie.*

Art. 1er. — *Bijouterie en or, platine, acier, jais ou jayet, fer et fonte.*

1199 (586). *M. Bernauda,* quai des Orfèvres, nº 32, à Paris, avait fait admettre à l'exposition, des coffrets, boîtes, chaînes, médaillons, etc., en or mélangé de platine et d'autres métaux : le tout était d'un travail précieux, et du goût le plus parfait. Au concours de 1823, M. Bernauda reçut la médaille de bronze, qui a été rappelée en 1827. Pourquoi donc le jury de 1834 est-il resté muet à son égard? Ce ne peut être que par l'effet d'une omission, qu'il réparera dans le Rapport définitif qui est depuis trop longtemps attendu.

1200 (839). Dans cette partie de la bijouterie d'acier, qui s'applique à l'ornement et au décor, *M. Frichot,* rue des Gravilliers, nº 42, à Paris, s'est fait une réputation qui n'a pas d'égale. La médaille d'or lui fut accordée en 1823 : rappelée en 1827, elle a été rappelée de nouveau par le jury de 1834. Rien n'avait plus d'éclat que les dépendances d'un boudoir, que cet habile fabricant a fait pour M. Aguado, et qui étincelaient sous le 4e pavillon de la place de la Concorde; elles consistaient en une cheminée avec sa garniture, une pendule, des vases, des candélabres, un lustre, des chaises, et un encadrement de porte et d'armoire; tout était resplendissant dans ces ouvrages remarquables, d'ailleurs, par le choix des formes et le bon goût des ornements. M. Frichot y avait joint un assortiment de paillettes d'acier, de 1300 modèles, qu'il ne vend que 10 centimes la grosse.

1201 (394). Une mention honorable a été accordée à *M. Gauthier*, jeune, rue des Fontaines-du-Temple, n° 4, à Paris, pour des bijoux de deuil qui étaient montés avec soin, et de prix très modérés.

1202 (892). C'était aussi des bijoux de deuil qu'exposait *M. Marchand*, à Paris, rue Michel-le-Comte, n° 23. Sa bijouterie en jais paraît avoir atteint toute la perfection qu'on peut désirer : elle a de l'élégance, et ses formes présentent une diversité agréable. Le jury la citera avec éloge, dans son Rapport. M. Marchand fut déjà cité au concours de 1827.

1203 (1196). Parmi les ouvrages en bijouterie d'acier qui avaient été admis à l'exposition, le public distinguait ceux de *M. Provent*, rue Salle-au-Comte, nos 4 et 6, à Paris, et notamment sa pendule, ses flambeaux, ses gardes d'épées, ses plaques, ses colliers et autres objets d'ornement. Les détails en étaient travaillés avec soin, et avec une étonnante précision. Déjà en 1823, M. Provent avait reçu la médaille d'argent; elle fut rappelée en 1827, et elle l'a été de nouveau en 1834.

1204 (595). La bijouterie en fer et en acier damasquiné de *M. Puydt* (de), rue du Marché-Palu, n° 20, à Paris, avait des formes extrêmement gracieuses et très-diversifiées. Plusieurs de ses articles figuraient des insectes fort jolis, qui rappelaient les véritables insectes que les naturalistes conservent dans des cadres vitrés. M. de Puydt sera mentionné honorablement au Rapport du jury.

1205 (124). En 1827, *M. Richard*, à Paris, rue Grenier-Saint-Lazare, n° 31, reçut la médaille de bronze, pour une charmante collection de bijoux en fonte creux à l'intérieur, ce qui les rend très-légers, et qu'il avait ornés de dessins fort élégants. Les bijoux de deuil qu'il a exposés en 1834, n'avaient pas moins de légèreté, et étaient plus variés dans leurs formes. Aussi, MM. les membres du jury ont rappelé à son avantage, la distinction qu'il a précédemment obtenue.

1206 (454). Ils mentionneront honorablement dans leur Rapport, la bijouterie d'acier de *M. Vauthier* (Pierre), rue Saint-Maur, n° 84, à Paris. Elle était fort bien travaillée : une grande pureté de formes et une habile exécution faisaient distinguer ses vases, ses flambeaux, ses parures, ses coulants, etc.

Rappelons, à la fin du présent article, que M. Viviès (Emmanuel), fabricant à Sainte-Colombe-sur-Lhers, département de l'Aude, compris sous le n° 95 du premier chapitre, 1er § de la deuxième section, avait réuni à ses lainages, des échantillons de bijouterie en jais, que sa maison exécute avec beaucoup de succès, depuis très-longtemps.

Voir à la section suivante, le n° 1209 assigné à M. Houdaille qui, outre le bijou en cuivre doré, fabrique les bijoux en jais pour deuil, et ceux en filigrane de fer.

Art. 2. — *Bijouterie dorée.*

La bijouterie de cette espèce forme, dans l'industrie parisienne, une branche qui n'est pas à dédaigner. Elle s'exerce dans de petits ateliers assez nombreux, et donne lieu à un commerce qui s'étend au loin. Ceux qui la dirigent, et les ouvriers qu'ils occupent, sont en général doués de beaucoup d'intelligence et de goût, et d'une grande dextérité. Si elle n'avait que huit représentants au concours général, nombre disproportionné à son importance, il est à remarquer que presque tous y ont obtenu des distinctions.

1207 (1107). Les parures et les autres ornements en cuivre doré, offerts par *M. Dacosta*, rue Jean-Robert, n° 17, à Paris, étaient remarquables par leur légèreté et le bon choix des formes : le jury les mentionnera honorablement.

1208 (645). Il y avait une distance, mais elle n'était pas bien grande, entre cet exposant, et M. *Delecourt*, rue Saint-Martin, n° 161, à Paris. Cependant, le dernier n'a eu que les honneurs du concours.

1209 (11). Une mention honorable fut accordée, en 1827, à M. *Houdaille* (François-Nicolas), à Paris, rue Saint-Martin, n° 171. Il ne fabrique pas seulement les boucles, bracelets, chaînes et autres bijoux dorés; il exécute encore très-bien le bijou en jais pour deuil et fantaisie, et celui en filigrane de fer, dit de Berlin. Malgré la bonne exécution, et malgré la beauté des formes et la légèreté de ces ouvrages, il les vend à des prix extrêmement modiques. Son exhibition comprenait un porte-bouquet qu'il avait eu l'idée assez ingénieuse de faire tourner sur lui-même, afin qu'on pût en apprécier tout le fini. M. Houdaille sera de nouveau mentionné honorablement, dans le rapport du jury central.

1210 (455). M. *Jeandet* (Manuel) y sera cité avec éloge. Ce fabricant a son atelier, rue du Cimetière-Saint-Nicolas, n° 12, à Paris. Sa fausse bijouterie était montée avec goût, et exécutée avec une grande précision de travail.

1211 (474). C'est une maison déjà ancienne

que celle de M. Lelong, à Paris, rue du Temple, n° 419, qu'exploite aujourd'hui M. Alphonse-Édouard *Lelong*, fils de son fondateur. Elle s'étudie principalement à faire à plus bas prix que l'étranger. Toutefois, en se proposant ce but qu'elle a constamment en vue, elle ne néglige rien de ce qui est susceptible de recommander ses produits sous le rapport d'une bonne exécution. L'assortiment de ceux qu'elle avait exposés dans un cadre, contenait quelques chaînes d'une telle finesse, que l'œil le plus exercé ne pouvait en parcourir les détails sans l'attention la plus soutenue : il y en avait une qui ne se composait pas de moins de 12,200 pièces. Le jury a rappelé de nouveau la médaille de bronze que M. Lelong père reçut en 1823, et qui avait déjà été rappelée en 1827.

1212 (819). M. *Neveux*, rue Bourg-l'Abbé, n° 54, à Paris, exposait également des chaînes dorées, d'une belle et bonne exécution. Elles seront mentionnées honorablement, au rapport du jury central.

1213 (746). Comme M. Lelong, ci-devant inscrit sous le n° 1211, M. *Orbelin*, à Paris, rue Meslay, n° 38, et boulevard Saint-Martin, n° 33, reçut, en 1833, une médaille de bronze; comme lui, il en a obtenu le rappel en 1827, et de nouveau en 1834. Dans la bijouterie dorée, sa maison est une des plus considérables, des plus avantageusement connues, et qui jouissent entièrement de la confiance publique. Elle ne s'est pas montrée, au dernier concours, inférieure à sa réputation.

1214 (1049). Cette section se termine par M. *Potatier*, rue Sainte-Avoye, n° 5, à Paris. Ses bijoux en cuivre doré, étaient travaillés avec soin et précision. Ils seront cités avec éloge, dans le rapport du jury.

2me Section. — *Joaillerie.*

Art. 1er. — *Joaillerie en pierres fines*, idem *en perles véritables.*

Nous n'avons compté que trois exposants dans cette partie.

1215 (358). MM. *Garnier* et *Chirol*, rue Montmorency, n° 38, à Paris, avaient quelques bijoux en fausses perles ; mais la plus grande partie de leur exhibition se composait de parures et de bijoux en perles fines : ces objets d'ornement nous ont paru montés avec goût et élégance.

1216. (1112). Les incrustations sur pierres fines et acier, de M. *Perot*, à Paris, rue des Fossés-Montmartre, n° 12, attiraient l'attention des visiteurs ; elles ne pouvaient être que l'effet d'un travail habilement conduit et d'une extrême dextérité. Le jury les mentionnera honorablement dans son rapport.

1217 (22) Les bijoux en pierres fines, et ceux en mosaïque, de MM. *Veyrat* et *Morel*, rue de la Vieille-Draperie, n° 5, à Paris, quoiqu'ils fussent assez bien montés, n'ont obtenu que les honneurs du concours.

Avant de quitter le premier article de la deuxième section du présent chapitre, nous remarquerons que MM. Mention et Charles Wagner, inscrits à la deuxième section du chapitre précédent, sous le numéro 1189, avaient embelli par des pierres fines quelques-uns de leurs ouvrages d'orfévrerie niellée. Ils taillent beaucoup de ces pierres précieuses; c'est même une branche importante de leur industrie : la netteté et la précision de leur taille en augmentent singulièrement l'éclat.

Art. 2. — *Joaillerie en pierres fausses*, idem *en fausses perles.*

1218 (293). M. *Anrès* (Hypolite), à Paris, rue Mauconseil, n° 10, fabrique beaucoup de bijouterie en perles fausses, qu'il monte sur cuivre doré. Ce n'est pas seulement en France qu'il répand ses ouvrages; il en exporte des quantités considérables dans les colonies et dans les nouveaux états de l'Amérique-Méridionale. On les distingue, et surtout les colliers et les boucles d'oreille, par leur grande variété et par le bon goût qui a présidé à leur exécution.

1219 (74). Une médaille de bronze fut accordée, en 1823, à M. *Barthélemy*, Palais-Royal, n° 112, à Paris, pour ses pierres précieuses factices. Cette distinction, rappelée en 1827, l'a été de nouveau en 1834. Il avait exposé des imitations d'émeraudes, topazes, etc.; elles représentaient les pièces véritables, à s'y méprendre. Leur excellent montage les rendrait, d'ailleurs, susceptibles de marcher de pair avec tout ce que produit de mieux la joaillerie fine, et surtout les boucles, plaques et parures. A cette industrie, qu'il a portée très-loin, M. Barthélemy réunit celle du plaqué et de la composition des bijoux d'or.

1220 (1165). Des imitations de camées étaient offertes par M. *Bishop*, rue de la Verrerie, nº 58, à Paris. Elles ont eu seulement les honneurs du concours.

1221 (191). Il fut reconnu, par le jury de 1827, que c'est à feu M. *Douault-Wieland*, passage Dauphine, nº 36, à Paris, qu'est due la création de l'industrie qui produit les pierres précieuses factices, et qu'il a été pareillement l'auteur d'une grande partie de ses perfectionnements et de ses progrès. Son fils, qui lui a succédé, en héritant de ses talents, avait mis, près de la porte de sortie du quatrième pavillon de la place de la Concorde, une croisée gothique en cristal coloré, ornée de pierres qui étaient aussi de couleur, habilement montées, et d'un effet nouveau et incomparable; elle était accompagnée de masses de cristal imitant les diverses nuances des pierres. Ces objets, que le public voyait pour la première fois, ont augmenté la réputation de M. Douault-Wieland. Elle s'est encore accrue par sa belle collection des médailles des rois de France, en verre moulé. La médaille d'argent fut accordée à cette maison, en 1823; elle en a obtenu une seconde en 1827, et le jury de 1834 a déclaré qu'elle est plus digne que jamais de l'une et de l'autre.

1222 (1059). Des pièces de joaillerie et de bijouterie en perles fausses, dont l'exécution nous a paru bonne, sans avoir rien de remarquable, étaient présentées par M. *Guyon*, rue Meslay, n° 58, à Paris.

1223 (325). M. *Maréchal*, (Marie-Benoît), à Paris, rue Notre-Dame-de-Nazareth, n° 8, fut mentionné honorablement en 1823 et 1827. Une nouvelle mention honorable lui a été accordée, en 1834, par les membres du jury. Ils ont reconnu que la joaillerie en strass qu'il avait mise au concours était soigneusement et élégamment montée, et qu'elle pouvait être vendue avec réduction de prix, ayant été taillée à la mécanique.

1224 (83). Des peignes, guirlandes, boucles d'oreille en strass, des perles fausses, du strass brut en morceaux ou dans ses creusets, etc., étaient offerts par M. *Marion-Bourguignon*, passage de l'Opéra, à Paris, n°s 19 et 20, ayant sa fabrique barrière du Trône, n° 4. Son ouvrage le plus distingué était une couronne montée en or et argent, et composée de bluets, d'épis et de feuilles de blé : les épis à trois grains seulement n'avaient point de pièces de rapport. La couronne se démontait facilement, et ses diverses parties formaient alors huit jolis bouquets. — En 1827, M. Marion-Bourguignon reçut la médaille de bronze, qui a été rappelée en 1834.

1225 (528). En 1823, M. *Massin* dit *Bourguignon*, à Paris, rue de la Paix, n° 1, fut mentionné honorablement ; il reçut, en 1827, la médaille de bronze que le jury de 1834 a eu soin de rappeler. C'est encore un de nos plus habiles fabricants de joaillerie en strass. Les parures qu'il avait fait admettre au concours étaient riches, et faites avec un goût exquis ; rien ne surpassait la légèreté et la grâce d'un diadème qui en formait la p incipale pièce.

1226 (179). Les perles fausses de M. *Petit* (Jean-François), rue Saint-Martin, n° 193, à Paris, étaient bien exécutées. Le jury les mentionnera honorablement dans son rapport.

1227 (110). Les mêmes qualités se remarquaient dans celles de M. *Rouyer*, à Paris, rue du Petit-Lion Saint-Sauveur, n° 18. Ses produits seront également mentionnés d'une manière honorable, dans le rapport du jury central. Une mention de cette espèce avait déjà été obtenue, en 1827, par M. Rouyer.

1228 (258). Ce que nous venons de dire des productions de M. Rouyer et de M. Petit, s'applique à celles de M. *Valès* (Antoine-Constant), rue du Temple, n° 71, à Paris. Ses perles fausses avaient, comme les leurs, les conditions et l'aspect des perles fines. La même distinction, une mention honorable lui a été accordée.

VINGTIÈME CHAPITRE.

HORLOGERIE.

Dans aucun pays du monde on n'a porté aussi loin l'art de l'horlogerie. Nous ne craignons aucune concurrence, même celle de l'Angleterre, et nos exportations présentent chaque année un chiffre élevé. Si l'on veut comparer les exportations faites aux époques des trois dernières expositions, on trouvera que, soit en ouvrages montés, soit en fournitures et en horloges en bois, elles ont été, en 1823, de 3,418,481 francs, en 1827, de 4,250,697 fr., et en 1833, de 7,003,831 fr., ce qui prouve qu'en 10 ans ces exportations ont plus que doublé, ce qu'il faut principalement attribuer à la vente considérable des pendules.

Paris est comme le centre des artistes et des ouvriers les plus habiles en ce genre. Il s'en forme tous les jours, et l'argent de l'étranger alimente nos ateliers. — Ils sont dirigés avec un talent supérieur par les Berthoud, les Breguet, les Motet, les Robert, les Le Roy, les Lepaute, etc. La plupart de ces artistes ont figuré avec plus ou moins d'éclat à l'exposition de 1834.

1re Section. — *Montres.* — *Montres marines ou chronomètres, régulateurs, compteurs.*

L'usage des montres s'est étendu et multiplié. Nous excellons dans la construction des *montres marines*, appelées depuis *chronomètres* ou *mesureurs du temps*. Ces objets se maintiennent toujours à un prix fort élevé, et le gouvernement ne néglige rien pour que nous conservions en ce genre notre supériorité.

1229 (964). — M. *Allier* (Claude), rue Saint-Antoine, n° 36, à Paris, cultive, depuis 45 ans, l'art de l'horlogerie. Il a exposé divers mouvements de montres, où il n'entre que 5 roues. Avec le premier calibre il fait marcher ses montres 8 jours; avec le second 35 jours, et avec le troisième 95 jours. Quoique se servant de grandes roues, il obtient plus de force sur ses échappements, et un service plus régulier que dans les montres qui se montent toutes les 24 heures. — La planche 16 et 17, fig. 1re, donne une idée de ce mécanisme, dont l'auteur nous a transmis la description.

La pièce A se nomme barillet remonteur; il fait son engrenage avec la roue d'acier C. Celle-ci engrène, à son tour, avec une autre roue d'acier D fixée sur l'arbre qui monte le ressort de la pièce B, appelée barillet de mouvement. La roue du centre E engrène avec le barillet B et avec la roue moyenne F. Celle-ci, à son tour, engrène avec la petite roue moyenne G et avec la roue de cylindre ou de développement H. Enfin cette dernière fait son engrenage avec le cylindre que fait vibrer le balancier marqué I.

Le jury a accordé à M. Allier une mention honorable.

1230 (1488) — M. *Benoît* (Achille), rue Hoche, à Versailles (Seine-et-Oise). Cet habile artiste est un élève de Bréguet ; il s'est livré à des travaux spéciaux pour atteindre dans ses montres-marines, un parfait isochronisme des vibrations du régulateur. Celle qu'il a exposée était très-remarquable. Il est auteur d'un mouvement balancier qui possède la propriété de rendre nuls les effets de l'électricité de l'atmosphère. — Les fig. 2, 3 et 4, pl. 16 et 17, donneront aux horlogers une idée suffisante du mécanisme ingénieux de M. Benoît, ou de son *nouvel échappement libre à remontoir d'égalité d'arcs*. Nous nous réservons d'ailleurs d'insérer une note supplémentaire dans le *Recueil industriel.*

AB. Roue d'échappement de 15 dents (1).

RR'. Pièce d'acier fixée à frottement dur sur l'axe du balancier, et portant à son extrémité le petit rouleau R destiné à recevoir le choc des dents de la roue d'échappement.

GF'. Détente mobile en f, portant le repos G.

CD. Ressort spiral auxiliaire fixé par son

(1) Les mêmes lettres désignent les mêmes pièces dans les figures 2, 3, 4.

extrémité supérieure à l'axe de la roue d'échappement.

OP. Plateau tournant destiné à recevoir un des pivots de la roue d'échappement, et l'extrémité inférieure du spiral CD, fixée dans la pince P'.

HI. Détente mobile en e, servant à retenir le bras IC du volant V.

L. Goupille d'arrêt fixée au plateau OP.

NM. Bras d'acier, fendu en N et fixé à volonté par le moyen d'une vis, sur la tige de la roue d'échappement.

ZY. Balancier régulateur.

Sp. Spirale. — U. Axe du balancier.

La figure 3 représente le calibre du rouage.

M. Benoît, auquel le jury a accordé une médaille d'argent, n'avait pas, jusqu'en 1834, exposé sous son nom ; mais les premières maisons d'horlogerie utilisaient ses talents.

1231 (1137). MM. *Berthoud* frères, rue Richelieu, n° 103, à Paris. — On sait que c'est principalement dans l'horlogerie astronomique que la famille Berthoud a acquis une réputation européenne. — Pour donner la plus haute idée de la perfection de leurs travaux, nous nous bornerons à dire que MM. Berthoud frères ont exposé à l'Observatoire de Paris, un chronomètre qui n'a varié que de trois dixièmes de seconde dans l'espace de trois mois. Le jury leur a accordé une médaille en or.

C'est ici le lieu de consigner une observation importante, c'est que l'administration devrait imiter l'exemple donné, dès l'année 1823, par l'Angleterre, où l'on a établi un mode d'épreuve pour constater l'influence qu'a le chaud ou le froid sur les chronomètres construits par les horlogers.

1232 (496). M. *Blondeau* (Antoine), rue de la Paix, n° 18, à Paris. — On lui doit plusieurs perfectionnements aussi utiles qu'ingénieux, apportés dans la fabrication des pendules à grande et petite sonnerie et à réveil. Dans celle des montres il a trouvé une disposition de quantième, au moyen de laquelle il ajoute le vingt-neuvième jour au mois de février, pour les années bissextiles, et cela en n'employant que la roue annuelle ordinaire.

Les prix de M. Blondeau sont modérés, et il confectionne avec un soin particulier, surtout les montres de voyages. La médaille de bronze lui a été accordée.

1233 (684). M. *Bréguet* neveu, et Cie, à Paris. quai de l'Horloge, n° 79. — Il est le digne successeur de MM. Bréguet père et fils, qui ont obtenu six fois la médaille d'or. — Il nous suffira, pour le prouver, de donner la description de quelques objets exposés et de faire ressortir les difficultés de tous genres dont ces habiles artistes ont triomphé avec un rare bonheur.

Depuis longtemps on avait remarqué que

plusieurs horloges à pendules, placées sur une même planche, s'influençaient.

Aucune expérience suivie ne paraissant jusque là avoir été faite à ce sujet, la maison Bréguet fit, en 1817, des expériences spéciales sur cet effet remarquable; elle reconnut la véritable cause de cette communication du mouvement, et conçut la possibilité de faire servir l'influence réciproque de deux horloges à la régularité de leur marche.

A l'exposition de 1819 elle a présenté, 1° une horloge astronomique double, c'est-à-dire que sur le même support on avait établi deux mouvements et deux balanciers, et 2° une montre double construite sur les mêmes principes.

Le premier de ces deux ouvrages est placé au château des Tuileries, et fait partie du mobilier de la couronne; la montre double est devenue la propriété du roi d'Angleterre.

Leurs constructions ont été décrites dans plusieurs ouvrages où se trouvaient consigné en même temps le journal de leurs marches qui étaient des plus satisfaisantes. — En continuant ces premières expériences, la maison Bréguet a cherché les moyens d'obtenir les mêmes résultats par des procédés beaucoup plus simples et beaucoup moins coûteux, ainsi qu'on l'a vu à l'exposition de 1834.

La fig. 1re, pl. 18-19, représente une pendule à

demi-seconde; sur le cadran de cette pendule on voit, dans le bas, un petit cadran indiquant les heures et les minutes : au centre du grand cadran se trouve l'aiguille des secondes, laquelle est très-grande, afin que ses divisions soient distinctes. Vers les divisions 10 et 50 se trouvent deux aiguilles qui décrivent chacune un arc de cercle divisé en 16 parties. — Cette pendule ayant deux ressorts, ces deux aiguilles en indiquent les développements ; lorsque les aiguilles marquent le chiffre 16, cela veut dire que la pendule a besoin d'être montée, ce qui s'effectue par deux remontoires placés à droite et à gauche du cadran. Quand on vient de remonter, les aiguilles indiquent le zéro.

Cette pendule n'a qu'un mouvement et deux balanciers placés sur le même chevalet du support ; ils posent chacun sur un couteau dont les tranchants sont sur la même ligne horizontale.

Le balancier le plus près du mouvement est en communication directe avec lui, tandis que l'autre balancier est absolument libre et isolé de toute force.

Les oscillations des deux balanciers s'influencent réciproquement par le seul ébranlement qu'elles produisent dans la masse du support, car la matière du support étant douée d'élasticité comme toute matière solide, l'un des deux balanciers ne peut se porter au-delà de son centre de gravité sans que le point de suspension n'éprouve un tirage oblique et un déplacement presque insensible, mais réel, qui suffit pour faire sortir le point de suspension de l'autre balancier de la verticale qui passe par son centre de gravité, et dans laquelle celui-ci se trouve immédiatement en action de se rétablir. Ainsi lorsque le balancier, le plus près du mouvement, commence à osciller, l'autre arrêté et laissé libre prend insensiblement des oscillations en sens opposé à celles du premier balancier; et ces oscillations, d'abord infiniment petites, acquièrent peu à peu de l'étendue jusqu'à ce qu'elles aient atteint l'amplitude des arcs du premier balancier.

Mais pour que cet effet ait lieu, il faut un certain rapport dans la longueur des deux balanciers, ce qui ne s'obtient que par tâtonnement.

Cette condition est tellement de rigueur pour cette pendule, qu'étant réglée avec un des deux balanciers, si l'on venait à donner différentes longueurs au balancier libre, on ferait varier considérablement la pendule, et elle pourrait même finir par s'arrêter.

Les secousses qu'un édifice éprouve par le roulement des voitures ou par défaut de solidité, altèrent inévitablement la marche d'une horloge à pendule. Ces inégalités dans la marche qui éludaient les efforts de l'art, sont annulées ici, parce que les deux balanciers se croisant dans leurs oscillations, ces effets ne peuvent s'opposer au mouvement d'un balancier, sans aider de la même quantité le mouvement de l'autre.

La fig. 2, même pl., représente une montre à équation et répétition, sur les principes des chronomètres, répétant l'heure, la demie, les quarts et les demi-quarts; indiquant sur le cercle supérieur du cadran les noms et quantièmes des mois par une grande aiguille d'or de forme serpentine faisant sa révolution en une année. Les heures et minutes sont marquées par deux cadrans excentriques, dont l'un à gauche, chiffres arabes, indique le temps vrai; l'autre à droite, chiffres romains, indique le temps moyen. Les jours de la semaine se voient par une petite ouverture au-dessous du cadran de gauche; et au-dessous de celui de droite est une semblable ouverture donnant, pendant trois années consécutives, le chiffre indiquant le nombre d'années écoulées depuis la dernière bissextile, et la quatrième année.

Avance et retard, par une portion de cercle sur le cadran. Échappement libre à ancre, tous les frottements en rubis, double suspension élastique, balancier compensateur, etc.

Pour donner une idée des difficultés vaincues dans cet établissement unique, on a donné le dessin au trait d'une petite montre à bague dont le diamètre ne dépasse pas une pièce de dix sous (fig. 3), et dont la marche est aussi bonne que celle d'une montre de grandeur ordinaire ; elle n'a pas besoin de clef pour la remonter ni pour mettre les aiguilles à l'heure. — Un bouton masqué dans la bélière sert à volonté, soit pour la remonter, soit pour tourner les aiguilles. Son échappement est à ancre, dont tous les frottements sont sur rubis; le balancier est en platine, métal choisi comme le moins dilatable, n'ayant pu réussir à établir une compensation ni par le spiral ni par le balancier.

C'est ici, dans un objet mécanique de si petite dimension, que l'on peut bien admirer la ductilité de l'acier, qui permet de faire des pivots beaucoup plus fins qu'un cheveu, et qui pourtant résistent parfaitement aux frottements. — Cette petite pièce extraordinaire a été faite pour M. Schickler, l'un de nos amateurs les plus distingués dans les arts.

On voit par ce qui précède que la maison Bréguet continue d'établir la haute horlogerie de précision, régulateurs astronomiques, chronomètres de poches, etc. Elle continue de même les pièces marines, pour lesquelles elle n'a cessé de faire des efforts et des sacrifices afin de rivaliser avec nos voisins les Anglais, non-seulement pour la régularité de la marche de ces pièces, mais aussi pour les établir à des prix qui fussent à la portée de la marine marchande, à laquelle ces intruments sont de première nécessité.

En France, on n'a jamais établi de pièces

marines à moins de 1,800, 2,400 et même 3,000 f.; tandis qu'en Angleterre on trouve de ces instruments pour 55 et même 50 fr. Il résulte de cette différence de prix, que beaucoup de capitaines préféraient acheter ces instruments en Angleterre, tout en déplorant de ne pouvoir s'en fournir au même prix en France.

La maison Bréguet, outre ses horloges marines à deux barillets et à huit jours, expose des pièces à un barillet du prix de 1,200 fr., que depuis peu de temps elle est parvenue, à force de recherches et de soins, à établir pour moitié du prix qu'il fallait mettre autrefois à un pareil instrument. Les marches de ces pièces rivalisent avec celles d'un plus haut prix, pour la régularité; déjà beaucoup ont fait des voyages de long cours, et en général leurs marches ont été satisfaisantes.

C'est une conquête toute nationale, et un très-grand service rendu à la marine; car il s'ensuit que depuis cette réduction de prix, le plus petit bâtiment de commerce, qui achetait autrefois une pièce de 2,400, peut maintenant en avoir deux pour le même prix; avantage immense, et que messieurs les marins savent bien apprécier.

Le jury a fait en faveur de M. Bréguet et Cie, le rappel de la médaille d'or.

1234 (2387). *M. Cornu fils*, au Havre (Seine-Inférieure), a exposé des mouvements destinés à servir à des montres marines qu'il fait lui-même et dont il trouve facilement le placement parmi les nombreux officiers de la marine marchande de toutes les nations qui fréquentent le port du Havre. La bonne exécution et le fini des différentes pièces présentées par cet artiste prouvent que la province peut fournir des ouvriers aussi habiles que ceux que possède la capitale.

1235 (1335). *Deshays*, à Paris, rue Montmartre, n. 166. — Inventeur d'un échappement à rouleau fort ingénieux : cet artiste distingué reçut une des médailles d'argent qui furent décernées à la suite de l'exposition de 1827. Dans le nombre des objets qu'il a exposés en 1834, on a surtout remarqué un régulateur avec échappement d'Arnold, de la plus parfaite exécution. — Rappel de médaille d'argent.

1236 (1326). *Gravant*, à Paris, rue Boucher, n. 1. — Cet artiste, très-anciennement établi et très-avantageusement connu dans l'horlogerie, avait exposé, en 1827, un régulateur à échappement de Graham qui, quoique seulement ébauché, lui avait fait obtenir la médaille de bronze. Cette pièce, qu'il a représentée à l'exposition de 1834, entièrement achevée, et dont il a lui-même exécuté toutes les parties, est à secondes et à remontoir de Lepaute ; le tout est achevé avec une admirable précision. — Rappel de médaille de bronze.

1237 (2418). *Hanriot*, directeur et fondateur

de l'École d'horlogerie et de mécanique de Mâcon, où quarante-cinq élèves sont instruits dans la théorie et la pratique des sciences qui rentrent dans l'objet de l'institution, a mis à l'exposition un grand nombre de pièces d'horlogerie de tous genres, telles que montres à échappement, à cylindre, à répétition, à sonnerie, etc. Toutes ces pièces ont été exécutées par ses élèves, et font connaître les progrès que plusieurs d'entre eux ont déjà faits sous l'habile maître qui les dirige. Au nombre des pièces exposées se trouvent des montres-marines à nouvel échappement libre et à nouveau balancier compensateur, de l'invention de M. Hanriot, et qui auraient sans doute été jugées suffisantes pour lui faire obtenir la médaille d'argent, si le jury n'avait pas eu à récompenser en même temps et l'artiste ingénieux et le directeur habile d'un établissement utile. Indépendamment de la médaille d'argent qui lui a été décernée, il en a été accordé une à ses quatre premiers élèves : MM. Hafon, de Périgueux ; Barrel-Bourdournet, de Mâcon ; Thuilier, d'Amiens ; et Duchemin, de Paris.

1238 (1490). *Huard*, à Versailles, a exposé, entre autres pièces d'horlogerie, un chronomètre et des montres de poche. Le chronomètre, d'une belle exécution, est destiné pour la marine, et suspendu d'une manière fort ingénieuse. — Médaille de bronze.

1239 (1010). *Jacob aîné* (Jean), à Paris,

boulevard Montmartre, n. 1. — Cet habile artiste ne s'occupe qu'à fabriquer des pièces d'horlogerie de précision. Celles qu'il a exposées en 1834 consistent en régulateurs, dont l'un à pendule compensateur, de son invention, et dont la compensation se règle avec la plus grande facilité; un second à baromètre et double thermomètre; et un troisième qui est un modèle de régulateurs offert par l'auteur et par souscription, au prix de six cents francs. Les autres objets qu'il a exposés sont des montres-marines, des montres à secondes indépendantes, etc. — Médaille d'argent.

1240 (1487). *Jacot* (Auguste), à Versailles. — Les objets exposés par cet artiste sont principalement à l'usage des astronomes et des marins. Il a introduit dans la construction de ses chronomètres une innovation qui, si le succès répond à l'attente de l'auteur, peut avoir une grande importance. Il remplace le mouvement oscillatoire alternatif du spiral par un mouvement de rotation continue; son système, qui peut s'appliquer à toute espèce d'horlogerie, permet d'établir facilement des montres marines marchant pendant huit jours sans avoir besoin d'être remontées.

1241 (989). *Kelbrer*, à Paris, rue Furstemberg, n. 8 ter, a exposé un chronomètre ou appareil pour la mesure du temps, dans lequel l'aiguille qui marque les heures est faite en forme de serpent et tourne sur un axe. L'artiste a su triompher des difficultés qu'il fallait vaincre pour diminuer les frottements et pour obtenir un mouvement régulier. — Mention honorable.

1242 (1009). *Laurent*, à Paris, rue Saint-Maur, n. 58. — Un régulateur concentrique et à remontoir, fruit du travail exécuté par un simple ouvrier, pendant les heures de loisir que lui laissaient ses occupations ordinaires chez les horlogers qui l'employaient, a mérité de fixer l'attention du public à l'exposition de 1834. Ce régulateur, très-bien exécuté, est à secondes concentriques et à remontoir, dont l'effet a lieu par dixièmes de minute. Il est à pendule compensateur et à sonnerie des heures et des quarts, indépendante du mouvement. — Mention honorable.

1243 (1773). *Mallat frères*, à Angoulême, ont envoyé à l'exposition un chronomètre à échappement libre, détente à ressort, balancier compensateur, secondes indépendantes, etc. Dans cette pièce, dont l'exécution ne laisse rien à désirer, l'aiguille des secondes, qu'on a la faculté d'arrêter, peut être remise en marche à volonté dans toutes les positions, ce qui permet de faire plusieurs observations par minute. — Mention honorable.

1244 (618). *Motel*, à Paris, rue de l'Abbaye, n. 12. — Cet artiste distingué est depuis longtemps connu des astronomes et des marins par la perfection des chronomètres qu'il leur a fournis. Il n'est pas un port en France, soit de la marine royale, soit de la marine marchande, où ils ne soient recherchés, non-seulement à cause de la perfection avec laquelle ils sont exécutés, mais, surtout, à raison de l'extrême régularité de leur marche. M. Motel avait, à l'exposition de 1834, de nouveaux chronomètres de poche, et des pendules à balanciers compensateurs, de son invention, dignes des mêmes éloges que tous les ouvrages sortis de son atelier. En 1827, le jury lui avait décerné la médaille d'argent. Cette année (1834), il a obtenu la médaille d'or.

1245 (2050). *Mousquet* (Louis), à Perthuis, (département de Vaucluse), a envoyé un mouvement de montre à nouvel échappement.

1246 (1223), *Mugnier*, à Paris, rue Neuve-des Petits-Champs, n. 57. — Les montres de luxe qu'il a exposées sont établies avec beaucoup de recherche et d'habileté ; elles peuvent rivaliser avec celles de nos plus célèbres horlogers. — Médaille de bronze.

1247 (1003). *Perrelet*, père et fils, à Paris, rue Saint-Honoré, n. 108. — Parmi les nombreux articles d'horlogerie exposés en 1834, on a remarqué des montres marines portatives, et des pièces de démonstration, entièrement faites dans leurs ateliers.

M. Perrelet père s'est depuis longtemps

placé au rang de nos plus habiles horlogers. Dès l'année 1823, une horloge astronomique d'une construction spéciale, exécutée par lui, fut jugée digne d'être achetée pour la maison du roi, et l'auteur reçut du jury une médaille d'argent. En 1827, son compteur astronomique, qui sert à mesurer avec une extrême précision la durée des phénomènes astronomiques, lui valut la médaille d'or. L'exposition de 1834 a été enrichie d'appareils imaginés par lui, et admirablement exécutés pour la démonstration des échappements les plus remarquables. Ces appareils permettent de remplacer en un instant un échappement par un autre.

M. Perrelet père donne, depuis trente-cinq ans, des leçons d'horlogerie, et le gouvernement, reconnaissant toute sa capacité, lui a confié l'enseignement de dix élèves choisis au concours, et qui, sous sa direction, promettent de devenir un jour des horlogers habiles. — Rappel de la médaille d'or, décernée en 1827.

1248 (1685). *Perron*, à Besançon. — Les chronomètres et les autres pièces de précision qu'il a exposées peuvent, par leur bonne exécution, rivaliser avec celles faites par les meilleurs ouvriers de Paris. Déjà on avait pu apprécier le mérite de cet artiste, par les ouvrages d'horlogerie qu'il avait envoyés à l'exposition de 1827. Le jury lui décerna alors la médaille de bronze; et, en 1834, il a obtenu le rappel de cette médaille.

1249 (1228). *Rebillier* (Louis), à Paris, rue de la Monnaie, n. 9. — Entre autres ouvrages exposés par cet horloger, on a remarqué une montre, dont la platine, les ponts, le balancier, ainsi que les roues qui conduisent les aiguilles, sont en cristal de roche. L'échappement à cylindre est en pierre fine, et les vis sont taraudées dans le cristal. Les pivots sont portés et tournent dans des rubis. Cette pièce, qui avait été présentée trop tard à l'exposition de 1827, ne put y être admise. Elle prouve une patience et une persévérance extraordinaires chez l'auteur; le rubis et les autres pierres précieuses qui entrent dans cette montre, ne pouvant, sans une extrême difficulté, être travaillés avec la minutieuse précision qu'exigent les bonnes pièces d'horlogerie.

1250 (2103). *Sandoz* (Henri), à Besançon. — Les montres d'or et d'argent qu'il a exposées se recommandent par leur bonne exécution. Elles prouvent que la fabrique de Besançon continue à se distinguer par la qualité de ses produits. — Mention honorable.

Dans quelques-unes des exhibitions que vont comprendre les sections qui suivent, il se trouvera encore des montres.

DEUXIÈME SECTION.

PENDULES, RÉVEILS, MOUVEMENTS DE PENDULES.

Si les ouvrages d'horlogerie de précision, qui ont été exposés en 1834, ont une haute importance à raison de leur utilité pour l'astronomie et la marine ; ceux qui appartiennent à la seconde section ne présentent pas moins d'intérêt sous le rapport commercial. Encouragés par leurs succès, tant à l'intérieur qu'à l'étranger, les horlogers qui s'occupent de cette branche particulière de leur art se sont appliqués à en perfectionner toutes les parties, les mouvements, les montures et les ornements. Rien n'atteste mieux les progrès qu'ils ont faits et qui les ont mis en état de soutenir la concurrence avec les fabriques étrangères, que le chiffre des exportations qui ont eu lieu à des époques différentes. En 1823, il était sorti de France, en pendules seulement, pour une valeur d'environ trois millions de francs. Dix ans plus tard, cette valeur, dont l'augmentation a été progressive, s'est élevée à plus de six millions.

1251 (1208). *Andry*, à Paris, rue Montorgueil, n. 27, a exposé une pendule.

1252 (1541) *Aubineau* (Louis), de Strasbourg, a envoyé à l'exposition une boîte à réveil de son invention, qui peut servir en voyage, comme dans le cabinet, à faire connaître l'heure, à quelque instant de la nuit qu'on veuille être réveillé.

1253 (757). *Becquet*, à Paris, rue des Quatre-Fils, a exposé une pendule. La belle exécution d'un chien de Terre-Neuve, qui en formait l'ornement, en faisait un objet remarquable.

1254 (970). *Bérolla* frères, à Paris, rue du Temple, n. 121. Un modèle de nouvel échappement à force constante, des pendules et des montres d'une belle exécution, exposées par eux en 1834, ont prouvé qu'ils continuent à être dignes de la mention honorable obtenue par eux en 1827. Le jury a cru devoir la leur accorder de nouveau.

1255 (422). *Bovard* (Samuel), à Paris, rue des Bons-Enfants, n. 9, a exposé un mouvement de pendule.

1256 (382). *Brocot* (Louis-Gabriel), à Paris, rue d'Orléans, au Marais. — Une nouvelle disposition de sonnerie de pendule, qui permet de faire marcher les aiguilles en avant ou en arrière, sans déranger en rien le rapport de la sonnerie avec l'indication des aiguilles; un appareil servant à régler en un instant la longueur d'un pendule qui, dans un temps donné, batte un nombre juste d'oscillations, et d'autres perfectionnements dus à l'esprit inventif de cet habile artiste, et qui ont paru à l'exposition de 1834, ont mérité une médaille de bronze, que le jury lui a décernée. Il en avait déjà obtenu une première en 1827.

1257 (1090). *Deharambure*, à Paris, place du Palais-de-Justice, a exposé une pendule.

1258 (1127) *Garnier* (Paul), rue Taitbout, n° 8, a exposé, entre autres objets nouveaux, un régulateur à secondes à échappement libre; plusieurs pendules de voyage, et un instrument auquel on a donné le nom de Sphygmomètre, propre à indiquer, à la vue, l'état plus ou moins régulier, plus ou moins irrégulier du pouls, dont les anomalies sont rendues numériquement appréciables par une échelle graduée, instrument qui rentre dans le domaine de la physique appliquée à la médecine. Élève de M. Janvier, M. Garnier marche dignement sur les traces de son maître, et les diverses pièces mises par lui à l'exposition de 1834 sont faites avec le plus grand soin; plusieurs offrent des combinaisons nouvelles fort ingénieuses. — La médaille d'argent lui avait été décernée en 1827, et le jury de 1834 a cru devoir lui en accorder la confirmation.

1259 (1169). *Gille* (Jean-Baptiste), à Paris, rue des Cinq-Diamants, n° 10. —Parmi ses ouvrages, le plus remarquable de ceux qu'il a exposés en 1834 est une pendule à quantième, indiquant, en tout temps, exactement le jour du mois, malgré les inégalités des mois et celle qui provient de l'année bissextile. Dans un nouvel échappement fort ingénieux, dont il est l'inventeur, M. Gille a fait disparaître les inégalités que présentent les échappements connus, entre autres, celui dit de Graham. Le jury, appréciant le mérite des pièces d'horlogerie exposées par cet artiste, lui a accordé la mention honorable ; il avait déjà obtenu une citation en 1827.

1260 (245). *Harel*, à Paris, rue de l'Arbre-Sec, n. 50, connu avec avantage, comme inventeur de divers appareils pour l'économie domestique Ce fabricant distingué a exposé en 1834, indépendamment des fourneaux et des objets de ferblanterie, des réveils et des tourne-broches, marchant au moyen de rouages, qui rentrent dans le domaine de l'horlogerie. Il avait obtenu en 1819 une médaille d'argent, qui a été rappelée à toutes les expositions subséquentes, et dont le jury de 1834 a fait un nouveau rappel.

1261 (831) *Henri Neveu*, à Paris, rue Saint-Honoré, n. 247, a mis à l'exposition des pendules dites de surveillance, des horloges publiques et divers mécanismes propres à donner aux phares établis sur les côtes leurs mouvements de rotation. Successeur du célèbre Le Paute, M. Henri ne se montre pas fabricant moins habile. Le jury lui a décerné la médaille de bronze, comme récompense pour les nombreux et bons articles d'horlogerie présentés par lui à cette exposition. La préfecture de la Seine lui a commandé, pour être placés à divers édifices de la ville de Paris, des cadrans en lave de Volvic émaillée, avec des ornements en rapport avec ces édifices. On en voyait plusieurs à l'exposition.

1262 (489). *Jacquet*, à Paris, rue Tiquetone, n. 17. — Une pendule à secondes, à remontoir à échappement, et dont la levée est munie d'un rouleau qui sert à éviter les frottements, a mérité que le jury en fît une mention honorable.

1263 (1328). *Kuhner*, à Paris, rue de la Roquette, á exposé une pendule à musique, dont le sujet représente les Tuileries, le palais, la cour et la grille. La maçonnerie, la toiture, les parties en fer, en cuivre et autre métal, y sont très-bien imitées.

1264 (402). *Le Marquant* (Prosper), à Paris, rue du Ponceau, n. 35. — Cet horloger, qui se présente pour la première fois à l'exposition, y a mis deux pendules; l'une, qui donne l'heure des deux côtés, peut être placée au milieu d'un salon. Elle est dans un socle terminé en-dessus par un effet de mer agitée, sur laquelle un petit vaisseau en bronze obéit au mouvement de tangage que lui imprime un mécanisme simple. Le sujet de la seconde pendule est un amour qui repasse sa flèche. Un mécanisme analogue fait tourner la meule mise en mouvement en apparence par le pied du petit amour.

1265 (814). *Le Paute* fils, à Paris, rue St-

Thomas-du-Louvre, n. 42, n'avait exposé qu'une pendule; mais elle rappelait ses autres ouvrages d'horlogerie. Héritier d'un nom célèbre, M. Le Paute le soutient avec honneur. C'est lui qui a établi la magnifique horloge qu'on admire au palais de la Bourse, à Paris. Il en a exécuté plusieurs autres très-remarquables, tant pour Paris que pour d'autres villes.

Les diverses parties de ces horloges ont le grand avantage d'être indépendantes les unes des autres pour le remontage comme pour le démontage. Le jury a confirmé, avec beaucoup d'éloges, la médaille d'argent qui lui fut décernée en 1819, et qui avait déjà été rappelée en 1823.

1266 (966). *Leroy* (Louis-Charles) à Paris, Palais-Royal, n. 13. — Le nom de cet artiste est depuis longtemps célèbre dans l'horlogerie, et il en soutient dignement la réputation. Les principaux articles exposés par lui consistent: en une pendule à répétition et à réveil, dont le mouvement a été fait et fini avec le plus grand soin; des montres simples et à répétition, avec cylindre en pierre et huit trous également en pierre; plusieurs montres à tact, et qui, au moyen d'une aiguille placée extérieurement sur le boîtier, permettent de connaître, au toucher, la position des aiguilles du cadran, et par conséquent l'heure qu'elles indiquent. — La médaille de bronze a été décernée à M. Leroy, qui la méritait par la belle exécution de toutes les pièces exposées par lui.

1267 (1323). *Mallet*, à Paris, rue Basse-du-Rempart, n. 66, a exposé des pendules et des montres.

1268 (1671). *Moser* (Jean-Rodolphe), à Montbéliard, département du Doubs, a exposé des échantillons des différentes pièces, qui entrent dans les mouvements de pendules et de montres, et qui se font dans la fabrique établie par lui, en 1833, à Montbéliard; fabrique qui n'est encore qu'à son commencement, mais dont les produits d'une bonne exécution, sont déjà remarqués dans le commerce, et s'écoulent facilement, principalement pour Paris.

1269 (605). *Pons-de-Paul*, à Paris, rue Cassette, n. 20. — Les médailles d'argent décernées à cet artiste, en 1819 et 1823, et celle d'or qu'il reçut en 1827, témoignent assez de son mérite, et il nous suffira d'ajouter à son éloge, que le jury de 1834 l'a jugé digne que sa médaille d'or fût confirmée, non-seulement à cause de la bonne exécution des mouvements de pendules et de montres qu'il a exposés, mais parce qu'il a imaginé et appliqué différents procédés et mécanismes ingénieux, qui sont autant d'améliorations dans l'art de l'horlogerie. On a remarqué, entre autres, un nouvel échappement, dit à truelle, imaginé d'après la théorie des engrenages de Voët, et qui est d'une grande simplicité.

1270 (1012). MM. *Raingo*, frères, à Paris, rue de Touraine, n. 8, au Marais, à qui nous avons déjà assigné le n° 1175, première section du chapitre dix-huitième, pour leurs bronzes. Cette maison fait avec l'étranger, comme nous l'avons dit, un commerce d'exportation d'horlogerie très-considérable. Ses pendules et ses autres articles, placés à l'exposition, leur ont mérité d'être de nouveau mentionnés honorablement par le jury.

1271 (145). *Robert* (Henri), à Paris, Galerie de Valois, n. 164, au Palais-Royal. — Les principaux objets exposés par lui consistent en pendules de précision, propres à être placées sur les cheminées, pendules à réveils de plusieurs combinaisons différentes; montres à secondes, réunissant à une précision assez grande pour servir aux observations astronomiques, une modicité remarquable dans les prix auxquels il les vend; des réveils-matin dans le système de M. La Resche, et perfectionnés. L'horlogerie doit à M. Robert des perfectionnements nombreux, faits aux pièces du mouvement des pendules, aux balanciers, aux montures. Le jury, appréciant le mérite de cet artiste, lui a décerné la médaille d'argent.

1272 (993). *Rossé* et *Fils*, à Paris, passage de Venise, n. 34, ont exposé différentes pièces d'horlogerie. Ils avaient été, en 1827, mentionnés honorablement pour des pendules à remontoir.

1273 (1471). *Roussel* (Jean-Baptiste), à Versailles. — Deux petits réveils, dits universels, exposés par lui, ont paru d'un usage assez commode pour que le jury ait cru devoir accorder la mention honorable à leur ingénieux auteur.

1274 (1670). *Vincenti* et Compagnie, à Montbéliard (Doubs). — La grande fabrique de mouvements d'horlogerie qui a conservé le nom de M. Vincenti, son fondateur, qu'une mort prématurée a enlevé aux arts industriels, continue à Montbéliard, où elle est établie, à fabriquer au moyen de procédés et d'appareils mécaniques, des mouvements de pendules et autres pièces d'horlogerie, qui s'exécutent ailleurs à la main, et, par conséquent, d'une manière plus coûteuse et moins régulière. Les articles que cet établissement a produits à l'exposition ont paru d'une assez belle exécution pour mériter que la médaille d'argent fût décernée au successeur de M. Vincenti.

1275 (665). *Warée*, à Paris, rue de Grenelle-Saint-Honoré, n. 27. — Cet artiste a exposé des pendules à balanciers compensateurs en métal (zin et fer), dont le mécanisme promet de trouver facilement le point de compensation. L'idée ingénieuse et l'exécution de ces balanciers, ont mérité à leur auteur la mention honorable dans le rapport du jury.

3e SECTION.

HORLOGES PUBLIQUES, HORLOGES D'ÉGLISE.

Les besoins de la vie civile rendent importante, pour la campagne autant que pour la ville, la connaissance de la marche du temps, et les instruments qui servent à la mesurer, sans exiger une précision aussi grande que ceux compris dans les premières sections, n'en méritent pas moins d'être considérés comme formant une des parties essentielles de l'horlogerie. Il n'est pas une commune, pas un village, qui n'ait intérêt à posséder une horloge publique, et partout, sans doute, les habitants en auraient établi, si les revenus des communes s'étaient trouvés suffisants pour faire cette dépense; malheureusement ces grandes pièces d'horlogerie sont restées jusqu'ici d'un prix trop élevé pour que certaines localités puissent y atteindre. Si l'emploi des agents mécaniques dans la fabrication des différentes pièces qui entrent dans la composition d'une horloge, amène dans le prix la diminution qu'on est en droit d'attendre, il n'est pas douteux que toutes les localités finiront par être pourvues d'horloges. La France a l'avantage de posséder des artistes qui, dans cette partie, marchent de pair, s'il ne les dépassent, avec les plus habiles de quelques pays que ce soit. Les horloges des Lepaute, des Wagner, pour ne parler que des modernes, sont célèbres dans toute l'Europe; et, en Afrique même, à Alger, Wagner a, dans les derniers temps, établi deux horloges publiques d'une belle exécution et d'une incontestable utilité pour la nouvelle colonie.

1276 (1283). *Constantin* (Joseph-Régis), à Paris, rue des Trois-Canettes, n° 5. Cet habile mécanicien ne s'occupe pas uniquement d'horlogerie. On a pu voir, à l'exposition de 1834, deux presses à vermicelle construites par lui et placées près de deux horloges dont une à jeu de flûte, d'une belle exécution.

1277 (1301). *Kausek*, à Paris, rue de Grenelle-Saint-Germain, n° 32. Des horloges et des tourne-broches exposés par lui ont paru d'une construction assez remarquable pour mériter d'être mentionnés honorablement.

1278 (1986). *Morez* (horlogers anonymes de), département du Jura. Sous ce numéro étaient comprises différentes pièces d'horlogerie, telles que pendules, horloges, etc.

1279 (505). *Niot* et *Chaponnel*, à Paris, rue Mandar, n° 10. La médaille de bronze qu'ils avaient obtenue à l'exposition de 1827 a été rappelée en 1834, en récompense de la bonne exécution des horloges nouvellement construites par eux, et soumises au jugement du jury. Les industrieux mécaniciens, et surtout le premier, M. Niot, que nous retrouverons à l'appendice de la 6e section du vingt-quatrième chapitre, produisent annuellement une incroyable quantité d'appareils mécaniques de différentes sortes, tels que tourne-broches, miroirs pour la chasse aux alouettes, etc.

1280 (448). *Wagner* (Bernard-Henri), à Paris, rue du Cadran, n° 39. Le grand nombre d'horloges publiques établies ou réparées à Paris et dans beaucoup d'autres villes, ont acquis à cet artiste une réputation dont il continue à se montrer de plus en plus digne. Les grandes pièces qu'il avait mises à l'exposition de 1834, lui ont valu le rappel de la médaille d'argent obtenue par lui en 1819, 1823 et 1827.

1281 (677). *Wagner* (Jean), à Paris, rue du Cadran, n° 39, neveu de M. Bernard-Henri Wagner, et attaché à la maison de cet habile artiste. Il a, conjointement avec lui, exécuté plusieurs horloges publiques, et, entre autres, une dans un nouveau système avec compensateur, qui lui a mérité le rappel de la *mention honorable* qu'il reçut à la précédente exposition. C'est à lui que M. Maelzel avait confié l'exécution du métronome de son invention. En le construisant, il l'a beaucoup amélioré, et c'est aujourd'hui un instrument fort utile pour les personnes qui étudient la musique.

Voir à la dernière section du chapitre trentième, le n° 1442, sous lequel est inscrite l'École royale d'arts et métiers d'Angers.

Voir encore au même chapitre, 5e section, le n° 1547, assigné à MM. Rollé et Schwilgué, de Strasbourg.

4e SECTION.

OBJETS APPARTENANT A L'HORLOGERIE OU SERVANT A SON USAGE.

1282 (1060). *Baren, Lecoq* et (dames) *Anzes*, à Paris, rue des Rosiers n° 34. L'huile animale qu'ils préparent pour les horlogers, et dont ils avaient mis des échantillons à l'exposition, leur a valu une mention honorable. Beaucoup d'horlogers font usage de cette huile, et en recommandent l'emploi.

1283 (917). *Bastiné*, à Paris, rue Bourbon-Villeneuve, n° 49, s'occupe principalement à faire des échappements que recherchent les horlogers les plus distingués de la capitale. Il monte aussi des pièces complètes d'horlogerie, et avait mis à l'exposition une montre à force constante et à remontoir de Lebon. Ces ouvrages sont honorablement mentionnés dans le rapport du jury.

1284 (711). *Biesta de Bronval*, à Paris, rue du Faubourg-Poissonnière, n° 18. Cet horloger-mécanicien avait obtenu la mention honorable du jury central de l'exposition de 1827, pour une montre dont le mécanisme consistait dans un échappement libre à force constante, un balancier compensateur de construction nouvelle, et un barillet à double ressort. Cette même montre a été exposée en 1834, augmentée d'une équation qui donne, sur le même cadran et avec la même aiguille, le temps vrai et le temps moyen. Les mois de l'année et les jours du mois y sont également indiqués.

M. Biesta avait de plus, à l'exposition, un baromètre auquel il donne le nom d'*autographe*, et qui inscrit sur un cylindre toutes les variations de hauteur dans la colonne de mercure. Ces deux ouvrages ont mérité à l'auteur une nouvelle mention honorable.

1285 (591). *Callaud* (Philippe), à Paris, rue Montesquieu, n° 6. Un compteur astronomique et une série d'échappements parmi lesquels on a remarqué celui à cylindre incliné et celui à repos détaché : un pendule compensateur, dont la simplicité ne nuit en rien à l'exactitude de la compensation : toutes ces pièces, bien exécutées, ont mérité à l'ingénieux mécanicien qui a imaginé les perfectionnements qu'elles présentent, la mention honorable qu'en a faite le jury.

1286 (1135). *Frappiez* (Jules), à Paris, rue Sainte-Croix-de-la-Bretonnerie, n° 20. Le jury a mentionné honorablement un mouvement de pendule de cet horloger-mécanicien, la disposition de l'échappement nouveau qu'a imaginé l'artiste ayant été trouvée fort ingénieuse. L'expérience et le temps justifieront, il faut l'espérer, l'opinion avantageuse que le public connaisseur a conçue de cette innovation.

1287 (2088). *Henriot*, à Mâcon, a exposé divers articles d'horlogerie. Nous les avons fait connaître à l'art. 1237 de la 1re section du présent chapitre; si nous les rappelons ici, c'est uniquement parce que le livret de l'administration les a inscrits, on ne sait pourquoi, sous deux nos 2088 et 2418.

1288 (1061). *Jacquin*, à Paris, rue Tiquetone, n. 18, a mis à l'exposition un grand nombre d'engrenages d'horlogerie.

1289 (1378). *Legué*, à Paris, rue Saint-Honoré, n. 137. — L'huile que prépare son établissement pour le service des horlogers est préférée, par plusieurs, pour l'avantage qu'elle offre d'exiger moins souvent le nettoyage des pièces sur lesquelles on l'emploie.

1290 (979). *Lory*, à Paris, quai de l'horloge, n. 47, a exposé differentes pièces d'horlogerie.

1291 (1322). — L'horlogerie domestique, dont s'occupe spécialement M. *Mathieu*, à Paris, place de la Bourse, est traitée dans son atelier avec le plus grand soin. Les montres, dites de Paris, qui en sortent, sont fort recherchées dans le commerce : elles ont un échappement à cylindre, que M. Mathieu construit à l'aide d'une série de machines, dont il est inventeur.

Il fait aussi de belles et fort bonnes pendules à balancier, dont la compensation s'opère par le déplacement de deux petites masses additionnelles mobiles sur le levier qui les porte. — Le jury lui a décerné la médaille de bronze

1292 (36). *Pasquet* (Charles), à Paris, rue de la Verrerie, n. 4, a mis à l'exposition du rouge pour l'horlogerie.

1293 (1138). — Différentes pièces d'horlogerie ont été exposées sous ce numéro, par M. *Rabelle* de l'Aisne, dont les ateliers sont à Paris, rue de Braque, n. 5.

(Revoir, dix-septième chapitre, treizième section, article trois, sous le n° 1115, ce qui concerne les ébauches de mouvements de montres, de MM. Japy, frères.)

Nous venons de présenter, en quelque sorte, la statistique industrielle de l'horlogerie telle que l'a montrée l'exposition de 1834. Terminons ce chapitre par un résumé biographique, offrant à nos lecteurs les noms des hommes qui ont le plus contribué aux progrès de cet art si important, appelé l'*horlogerie*.

C'est au 18e siècle qu'est dû l'honneur de l'invention des premiers chronomètres appelés horloges ou *montres marines*. *Le Roy* en France, et *Harisson* en Angleterre, en sont les premiers auteurs. — En 1766 *Pierre Le Roy* remporta le prix proposé par l'académie pour les échappements libres à détente; 20 ans plus tard, *Ferdinand Berthoud* publie un traité complet sur l'horlogerie, et en 1802 l'histoire de la mesure du temps. En 1799 son neveu, *Louis Berthoud*, avait déjà été couronné par l'Institut pour un chronomètre à division décimale, et en 1834, les fils de Louis ont mérité, ainsi qu'on l'a vu plus haut, la médaille d'or. — M. *Motel*, un de ses élèves, a fourni au bureau de longitudes le plus grand nombre de chronomètres. — M. *Janvier* s'est toujours fait remarquer pour ses pendules astronomiques et géographiques; enfin *Breguet* vient clore cette brillante liste qu'aucune autre nation ne pourrait produire. Il eut le génie de son art dont il perfectionna toutes les parties : c'est ainsi qu'il a composé divers échappements fort ingénieux; qu'il fit des chronomètres dans lesquels l'inégalité de positions produites, par le roulis et le tangage du vaisseau est corrigée, et qu'il conserve à ses instruments leur régularité par l'effet d'un *parachute*.

Il est cependant juste de placer à côté de ces noms, d'autres noms non moins célèbres, tels que ceux de MM. *Perrelet*, *Lepaute*, etc. Le premier est inventeur d'un compteur propre à mesurer avec la plus grande exactitude la durée des phénomènes astronomiques. Le gouvernement lui a confié la direction d'une école d'horlogerie, et on ne pouvait la placer en de plus habiles mains. — Le second a porté de grands perfectionnements dans l'horlogerie civile.

Nous devons terminer cette biographie par les noms de M. *Pons-de-Paul* qui confectionne chaque année une quantité considérable de mouvements, et de M. *Japy* qui, par des combinaisons ingénieuses de machines, sont parvenus à apporter tant d'économie dans la main-d'œuvre, tant de simplicité dans les moyens d'exécution, qu'ils peuvent fournir des mouvements de montre à 25 sous, les mêmes qui autrefois coûtaient 7 fr. Ainsi, nous avons atteint dans l'horlogerie le plus haut degré de la science et les plus grandes économies, et laissé, sous ce double rapport, à une grande distance, l'Angleterre notre rivale.

Gravé par Marlier.

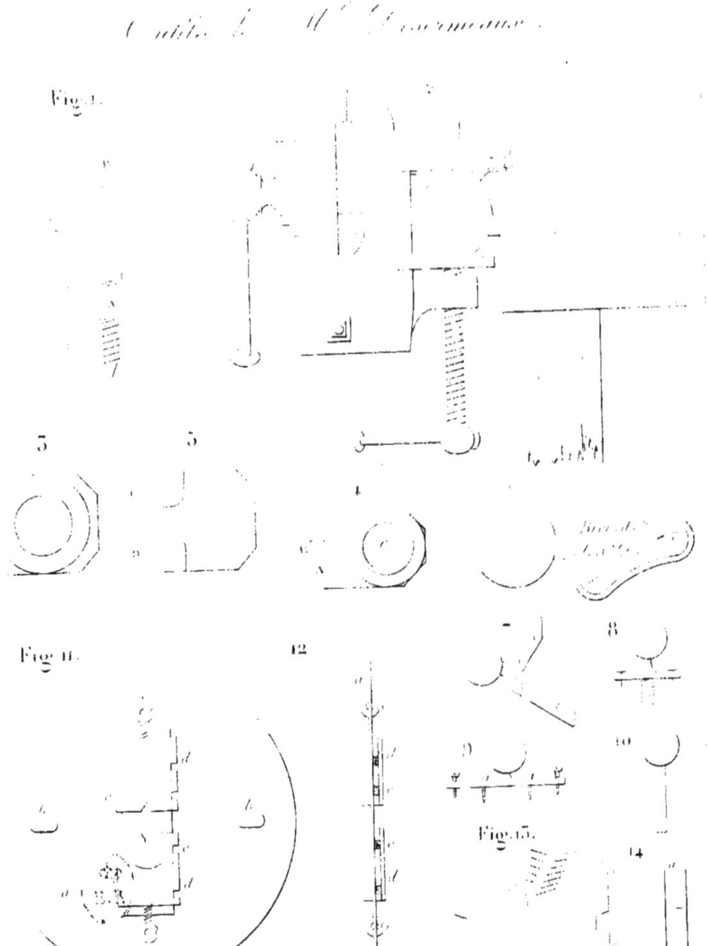

Gravé par Malher. *Pl 1. Tom 3.* Dessiné par De Maleon

Music

Table de M. [illegible].

Pendule de M. [illegible].

Cheminée de M. [illegible]

Orfèvrerie de M. Odiot

Orfèvrerie de M. Odiot

[illegible]

Plaque de M. [illegible]

Candélabre.

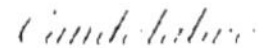

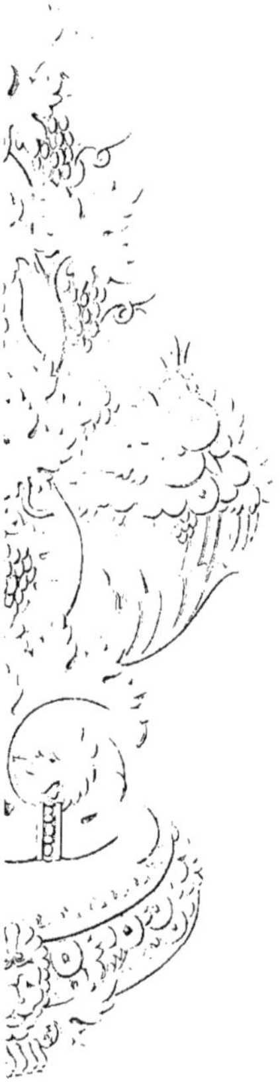

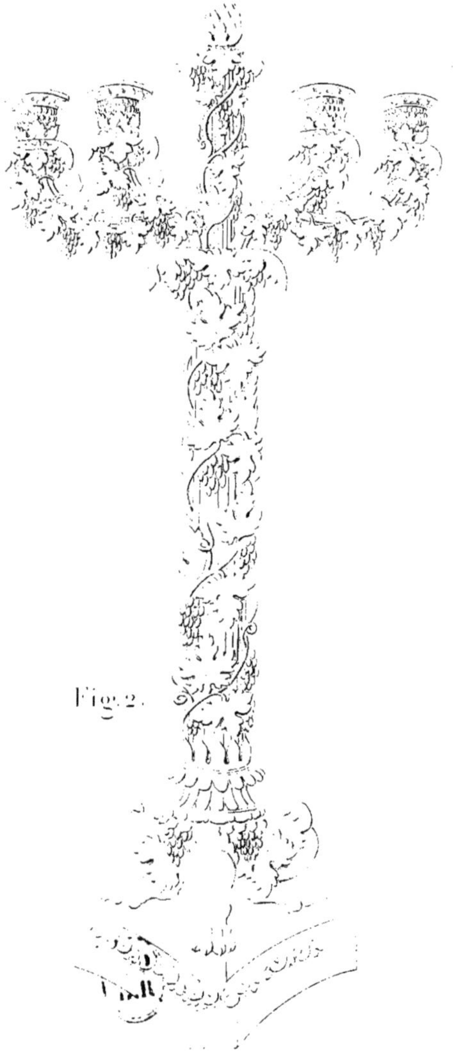

Fig. 2.

Dessiné par A. De Vauce.

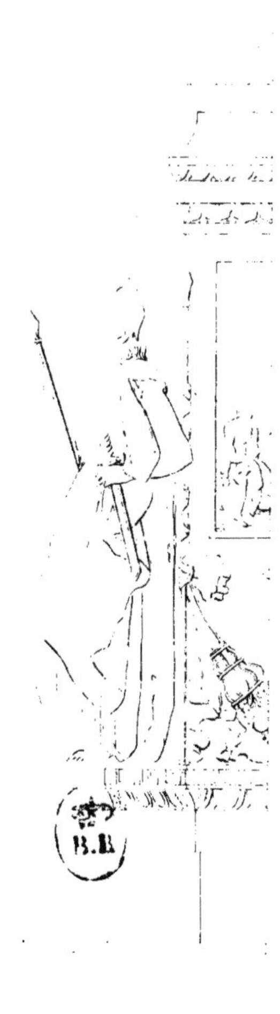

Gravé par Marlier.

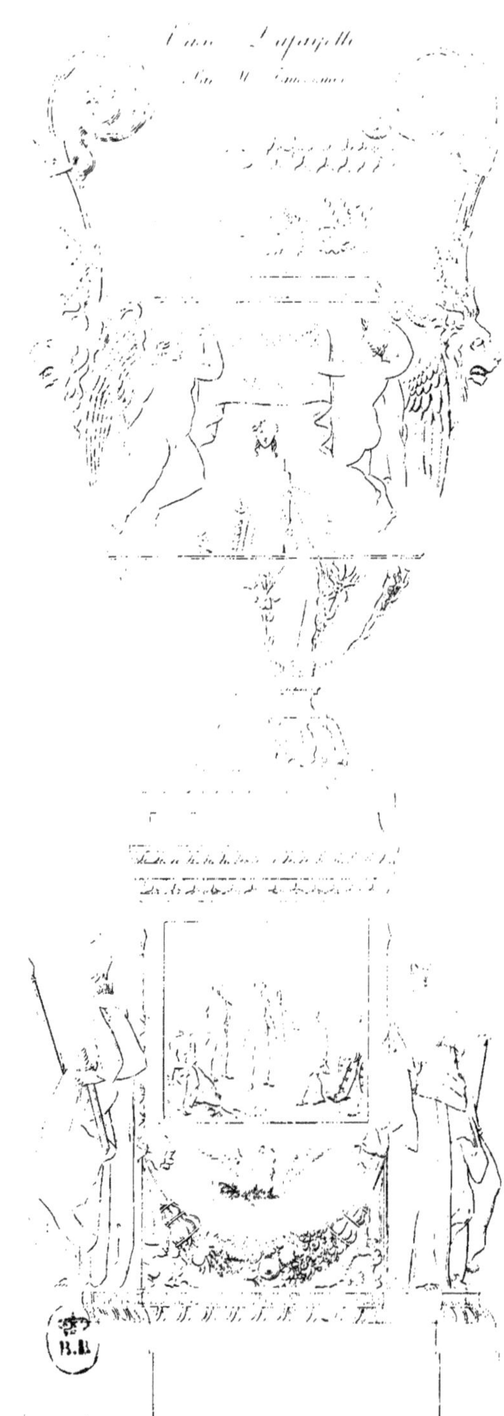

Échappement de M.r Benoit.

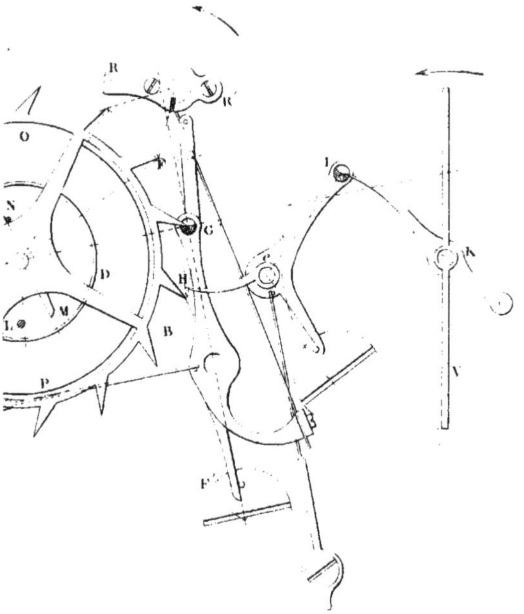

Fig. 4.

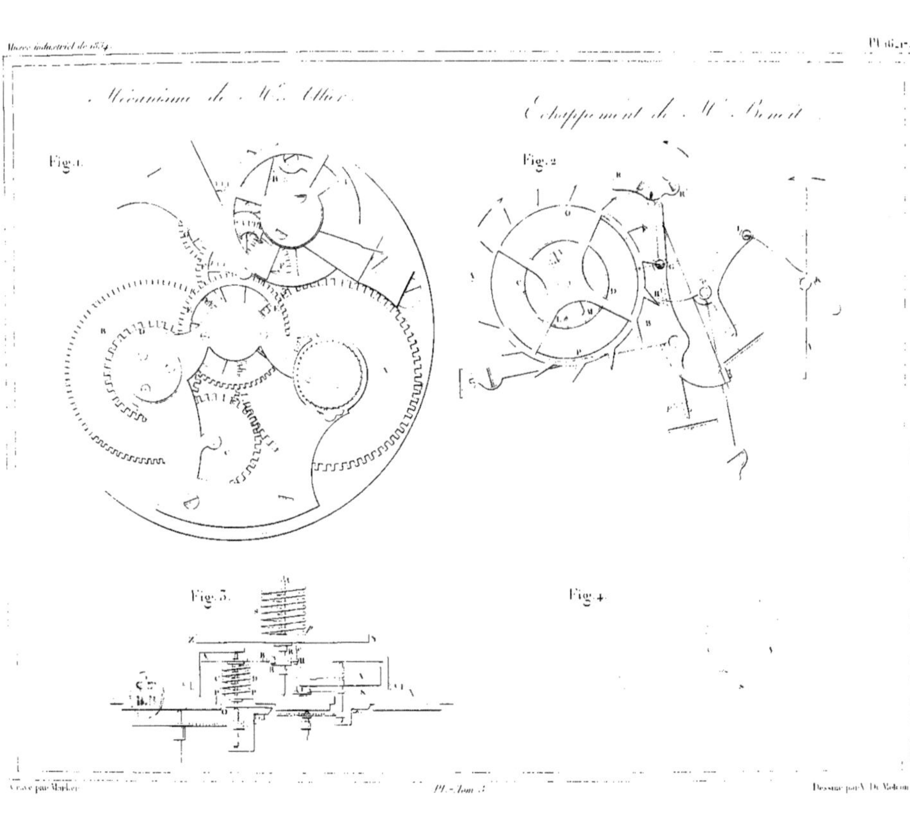
Mécanisme de M.r Ullier.
Echappement de M.r Benoit.
Fig. 1.
Fig. 2
Fig. 3.
Fig. 4.

Musée industriel de [illegible]

Fig. 1.

Gravé par Marchey

Pendule à demi Seconde.

Horlogerie de Mr. Breguet.

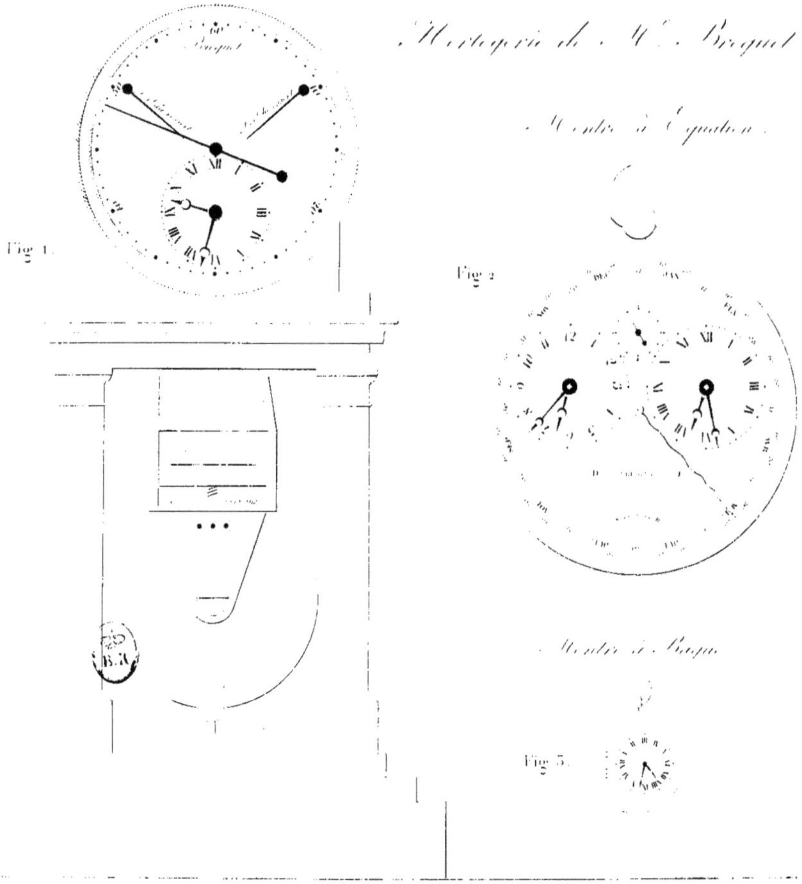

Fig. 1.

Montre à Équation.

Fig. 2.

Montre à Bague.

Fig. 3.

www.ingramcontent.com/pod-product-compliance
Ingram Content Group UK Ltd.
Pitfield, Milton Keynes, MK11 3LW, UK
UKHW020321180726
13839UKWH00002B/518